基于计算机技术的网页设计研究

李　贞　王建东　秦连波◎著

中国商务出版社
CCTP CHINA COMMERCE AND TRADE PRESS

图书在版编目（CIP）数据

基于计算机技术的网页设计研究 / 李贞，王建东，秦连波著. -- 北京 : 中国商务出版社，2022.10
ISBN 978-7-5103-4476-3

Ⅰ. ①基… Ⅱ. ①李… ②王… ③秦… Ⅲ. ①网页一设计一研究 Ⅳ. ①TP393.092.2

中国版本图书馆CIP数据核字(2022)第197190号

基于计算机技术的网页设计研究
JIYU JISUANJI JISHU DE WANGYE SHEJI YANJIU
李贞　王建东　秦连波　著

出　　版：中国商务出版社
地　　址：北京市东城区安外东后巷28号　　邮　编：100710
责任部门：外语事业部（010-64283818）
责任编辑：李自满
直销客服：010-64283818
总 发 行：中国商务出版社发行部（010-64208388　64515150）
网购零售：中国商务出版社淘宝店（010-64286917）
网　　址：http://www.cctpress.com
网　　店：https://shop162373850.taobao.com
邮　　箱：347675974@qq.com
印　　刷：北京四海锦诚印刷技术有限公司
开　　本：787毫米×1092毫米　1/16
印　　张：8.75　　字　数：180千字
版　　次：2023年5月第1版　　印　次：2023年5月第1次印刷
书　　号：ISBN 978-7-5103-4476-3
定　　价：58.00元

前 言

随着计算机技术突飞猛进地发展，互联网这一紧密依托计算机技术的新兴事物走进了千家万户，越来越多的机构、个人开始建设网站，以互联网为平台推广自身的形象和产品，将其作为无界的面向全世界的窗口。

在信息化社会中，人们的生产、生活、学习、工作等都离不开信息设备及网络的支持。社会各界对于网络宣传方式的接受度及认可度越来越高。在网页设计中应用计算机技术，可以提高网页的艺术性，使其更具吸引力，网络宣传的效果将会明显提升，有利于推动商业等行业的发展。

本书是关于网页设计的书籍，首先从网页基础知识入手，介绍了网页制作工具 Dreamweaver 以及 HTML 语言、CSS 技术与脚本语言 JavaScript；其次深入分析了表格、框架、库、表单及动态网页技术，并解读了网页版式设计、网页布局以及网页设计的构图元素及风格类型；最后阐释了网页的色彩选择、搭配与 Flash 动画设计、交互设计等。希望对相关研究有所帮助，使大家对网页设计有所了解。

网页设计涉及的知识非常多，不仅包括计算机，还包括艺术、美工等，因此，加强网页设计，实现文字、图片、视频、动画和声音等数据传输，确保图像渲染更加逼真，视频播放更加清晰流畅，音效更加空灵，将会成为网页设计技术的发展目标，也是吸引网页用户的重要措施。

网站的建设离不开网页设计，网页设计已成为相关设计、技术人员必须掌握的基础知识。但是网页制作是一项综合性的技能，很多初学者往往感到十分困惑。本书期望通过循序渐进地讲解，使读者逐步掌握网页设计的整个过程。

目　录

第一章　网页基础知识

第一节　网页相关概念

网页（也称为文档）由对象组成。对象只是一个文件，例如 HTML 文件、JPEG 图像、Java 小程序或视频剪辑。大多数 Web 页面由基本 HTML 文件和几个引用的对象组成。我们能够直观感受到网页界面中的文字、图片、音频和视频等信息；表单、JavaScript、Java 小程序和许多其他设备使我们能够与页面和站点进行交互。

一、万维网 WWW

www（World wide web）简称 3W，有时也叫 Web，中文译名为万维网，环球信息网等。WWW 由欧洲核物理研究中心（CERN）研制，其目的是为全球范围的科学家利用 Internet 进行方便地通信，信息交流和信息查询。

万维网（World Wide Web，简称 WWW 或 Web）是一个能够通过互联网交换文本、图形和多媒体信息的计算机网络。用户通过使用拨号电话线或更快的宽带（以太网、电缆或 DSL 连接）连接到 Web 的计算机上，利用这些计算机提供的资源，其中包括文本、图形、视频、声音和动画。

www（World Wide web，万维网）是存储在 Internet 计算机中、数量巨大的文档的集合。这些文档称为页面，它是一种超文本（Hypertext）信息，可以用于描述超媒体。文本、图形、视频、音频等多媒体，称为超媒体（Hypermedia）。Web 上的信息是由彼此关联的文档组成的，而使其连接在一起的是超链接（Hyperlink）。

WWW 是建立在客户机 / 服务器模型之上的。WWW 是以超文本标注语言（标准通用标记语言下的一个应用）与超文本传输协议为基础。能够提供面向 Internet 服务的、一致的用户界面的信息浏览系统。其中 WWW 服务器采用超文本链路来链接信息页，这些信息页既可放置在同一主机上，也可放置在不同地理位置的主机上；本链路由统一资源定位器（URL）维持，WWW 客户端软件（www 浏览器）负责信息显示与向服务器发送请求。

当你想进入万维网上一个网页，或者其他网络资源的时候，通常你要首先在你的浏览器上输入你想访问网页的统一资源定位符（Uniform Resource Loca-tor，URL），或者通过超链接方式链接到那个网页或网络资源。这之后的工作首先是 URL 的服务器名部分，被命名为域名系统的分布于全球的因特网数据库解析，并根据解析结果决定进入哪一个 IP 地址（IPaddress）。

接下来的步骤是为所要访问的网页，向在那个 IP 地址工作的服务器发送一个 Http 请求。在通常情况下，HTML 文本、图片和构成该网页的一切其他文件很快会被逐一请求并发送回用户。

网络浏览器接下来的工作是把 HTML、CSS 和其他接收到的文件所描述的内容，加上图像、链接和其他必需的资源，显示给用户。这些就构成了你所看到的“网页”。

当两台计算机通过某个网络进行通信时，一台计算机充当客户端，另一台充当服务器。客户端启动通信，通常是对存储在服务器上的信息的请求，然后将该信息发送回客户端。浏览器请求 Web 上的服务器提供的文档，浏览器是在客户端计算机上运行的程序。它们允许用户浏览服务器上可用的资源。第一批浏览器是基于文本的，没有图形用户界面。

存放 Web 页面可用的计算机称为 Web 服务器。通过任何连接到 Web 的计算机，可以运行 Web 浏览器访问服务器。从技术上讲，Web 浏览器称为 Web 客户端，用户通过点击链接联系 Web 服务器来获得资源。相关的数据通常排成一群网页，又叫网站。它们都使用称为超文本传输协议（HTTP）的通用“语言”。万维网的工作过程包括以下几个步骤：

①客户端启动 WWW 客户程序，通常是 IE 浏览器。

②在客户端浏览器中输入想查看的 Web 页的地址。

③客户端程序与该地址的服务器连通，并告诉服务器需要哪一页。

④服务器将该页发送给客户程序。当 Web 服务器收到客户端发过来的请求，在其文件系统中查找请求的网页信息，并通过 Internet 发送所请求的信息。

⑤浏览器解析网页资源文件，并显示该页内容。

⑥每页还包含指向其他页的链接，有时还有指向本页其他内容的链接，用户只要单击网页上的超链接（Hyperlink），再取回文件，甚至也可以送出数据给服务器。顺着超链接走的行为又叫浏览网页。

万维网使得全世界的人们以史无前例的巨大规模相互交流。相距遥远的人们，甚至是不同年代的人们可以通过网络发展亲密的关系或者使彼此思想境界得到升华。数字存储方式的优点是，可以比查阅图书馆或者实在的书籍更有效率地查询网络上的信息资源。可以比通过事必躬亲地去找，或通过邮件、电话、电报或者其他通信方式来更加快速地获得信息。

万维网是人类历史上最深远、最广泛的传播媒介。它可以使它的用户与分散于全球各地的其他人群相互联系，其人数远远超过通过具体接触或其他所有已经存在的通信媒介的总和所能达到的数目。

二、HTTP

超文本传输协议（Hypertext Transfer Protocol，简称HTTP）是Web的应用层协议，是Web的核心。在RFC 1945和RFC 2616文档中可以查看关于HTTP的定义。浏览器和服务器之间的交互可以通过一组计算机通信指令实现，我们把该指令叫做协议。HTFP不是Internet上唯一可用的协议。在网络中收发电子邮件需要用到简单邮件传输协议（SMTP）和邮局协议(POP),Internet对文件的上传、下载、移动和删除需要用到文件传输协议(FTP)。

HTTP的实现涉及两部分：客户端程序和服务器程序。在不同终端系统上执行的客户端程序和服务器程序通过交换HTTP消息相互通信。HTTP定义了这些消息的结构及客户端和服务器如何交换消息。

HTTP定义了Web客户端如何从Web服务器请求Web页面，以及服务器如何将Web页面传输到客户端。当用户请求网页（例如点击超链接）时，浏览器会将页面中对象的HTTP请求消息发送到服务器。服务器接收请求并使用包含对象的HTTP响应消息进行响应。

HTTP使用TCP作为其底层传输协议。HTTP客户端首先启动与服务器的TCP连接。建立连接后，浏览器和服务器通过其套接字接口处理TCP访问。在客户端，套接字是客户端进程和TCP连接之间的接口，在服务器端，它是服务器进程和TCP连接之间的通信的接口。客户端将HTTP请求消息发送到其套接字接口，并从其套接字接口接收HTTP响应消息。同样，HTTP服务器接收请求消息从其套接字接口发送响应消息到套接字接口。一旦客户端向其套接字接口发送消息，该消息就不在客户端，而是在TCP的“掌控之中”。

TCP为HTTP提供了可靠的数据传输服务。这意味着客户端进程发送的每个HTTP请求消息最终都完整地到达服务器；类似地，服务器进程发送的每个HTTP响应消息最终完整地到达客户端。HTTP不必担心丢失的数据或TCP如何从网络中的数据丢失或重新排序中恢复的细节。这是TCP的工作和协议栈较低层中的协议实现的。

以下说明了HTTP的工作原理。

①HTPP客户端进程在端口号80上启动到服务器www.sina.com的TCP连接，该端口是HTTP的默认端口号。与TCP连接相关联，客户端和服务器分别开启一个套接字，准备通信过程。一个Web服务器通常可以处理多个同时连接，因此会产生多个套接字。

②HTTP客户端通过其套接字向服务器发送HTTP请求消息。请求消息包括要访问的资源的路径名/publish/index.html。

③HTTP服务器进程通过其套接字接收请求消息，从其存储（RAM或磁盘）中检索对象/publish/index.html，将对象封装在HTTP中响应消息，并通过其套接字将响应消息发送给客户端。Web服务器接收请求，并在其存储的文件中查找您请求的网页。当它找到网页时，它会将其发送到您的计算机，并且您的Web浏览器会显示它。如果找不到该页面，客户端会看到一条错误消息，其中可能包含此错误的HTTP代码：404，“Not Found”。

④ HTTP 服务器进程告诉 TCP 关闭 TCP 连接。（但 TCP 实际上并不终止连接，直到它确定客户端已完整地收到响应消息。）

⑤ HTTP 客户端接收响应消息，TCP 连接终止。该消息表明封装的对象是 HTML 文件。客户端从响应消息中提取文件，检查 HTML 文件，由于大多数网页都包含超链接，这些超链接是特殊格式的单词或短语，使客户端可以访问 Web 上的其他页面。虽然超链接通常不会显示此页面的地址，但它包含计算机从另一台计算机请求网页所需的所有信息。

⑥用户单击超链接时，计算机会发送 HT1P 请求的消息。此消息实际上是说“请将我想要的网页发送给我”然后对每个引用的对象重复前面访问步骤。

现在考虑当用户点击超链接时，会导致浏览器在浏览器和 Web 服务器之间启动 TCP 连接，也就是“三次握手”客户端向服务器发送一个小的 TCP 段，服务器确认并响应一个小的 TCP 段，最后客户端回送确认服务器。三次握手的前两部分采用一个 KTT。完成握手的前两部分后，客户端将 HTTP 请求消息与三次握手的确认一起发送到服务器。一旦请求消息到达服务器，服务器将 HTML 文件发送到 TCP 连接。此 HTTP 请求 / 响应会占用另一个 RTT 时间，因此粗略地说，总响应时间是两个 RTT 加上 HTML 文件服务器的传输时间。

上面说明了非持久连接的使用，其中每个 TCP 连接在服务器发送对象后关闭，连接不会持续存在于其他对象。请注意，每个 TCP 连接只传输一条请求消息和一条响应消息。

使用 HTTP 1.1 持久连接，服务器在发送响应后保持 TCP 连接打开。可以通过同一连接发送同一客户端和服务器之间的后续请求和响应。整个 Web 页面（特别当 HTML 文件保护多个对象时）可以通过单个持久 TCP 连接发送。此外，驻留在同一服务器上的多个 Web 页面可以通过单个持久 TCP 连接从服务器发送到同一客户端。这些对象请求无须等待对待处理请求的回复（流水线操作）。通常，HTTP 服务器在特定时间（可配置的超时间隔）未使用时关闭连接，HTTP 的默认模式使用具有流水线操作的持久连接。HTTP/2[RFC 7540] 允许在同一连接中交错多个请求和回复，以及在此连接中优先处理 HTFP 消息请求和回复的机制。

服务器会将请求的文件发送给客户端，而不会存储有关客户端的任何状态信息。如果某个特定客户端在几秒钟内要求同一个对象两次，则服务器不会通过它只是将对象提供给客户端来响应；相反，服务器重新发送对象，因为它完全忘记了之前的操作。由于 HTTP 服务器不维护有关客户端的信息，因此 HTTP 被称为无状态协议。

三、URL

统一资源定位符（Uniform Resource Locator，简称 URL）是 Web 上资源的标准寻址系统。每个资源（网页、站点或单个文件）都具有唯一的 URL。URL 可以有两层含义：存储在要发送到客户端的服务器上的数据文件的地址，或者存储在客户端想要执行的服务器上的程序及程序的输出返回到客户。

URL 组件都有助于定义网页或资源的位置，每个 URL 都由协议、容纳对象的服务器的主机名和对象的路径名三部分组成。URL 格式如下：

协议：// 域名：端口号 / 路径 / 文件名

其中，

协议：指定浏览器请求文件所遵循的协议。网页协议是 http://（大多数 URL 的常见开头）。

域名：域名是存储文档的服务器的名称，指向文件所在的常规网站（如 www.taobao.com）。域可以托管一些文件（如个人网站）或数百万个文件（如公司网站）。

端口号：通信时必须将消息定向到主机上运行的相应进程以进行处理〉此类过程由其关联的端口号标识。Web 服务器进程的默认端口号为 80。如果服务器已配置为使用某个其他端口号，则必须将该端口号附加到 URL 中的主机名中。

路径：命名必须导航到达特定文件的文件夹序列。例如，要访问位于 music 文件夹中的 1.mp3 文件路径是 /music/1.mp3。

文件名：指定浏览器访问的目录路径中的哪个文件。

例如 http://www.taobao.com/markets/nvzhuang/taobaonvzhuang/picture.gif 的主机名为 www.taobao.com，路径名为 /markets/nvzhuang/taobaonvzhuang/picture.gif。服务器上的每个 Web 对象都可以通过 URL 寻址。URL 永远不会有嵌入的空格。此外，还有一组特殊字符，包括分号、冒号和 & 符号（；，：，&），不能出现在 URL 中。要包含空格或其中一个不允许的特殊字符，必须将该字符编码为百分号（%），后跟字符的两位十六进制 ASCII 代码。

URL 中的路径可能与文件的路径不同，因为 URI，不需要包含路径上的所有目录。包含所有目录的路径称为完整路径。在大多数情况下，文档的路径是相对于服务器配置文件中指定的某个基本路径，这样的路径称为部分路径。如果指定的文档是目录而不是单个文档，目录的名称后面紧跟一个斜杠，如下所示：

http://www.taobao.com/markets

服务器在通常存储可服务文档的目录的顶层，搜索它识别为主页的内容。按照惯例，此页面通常是名为 index，html 的文件。主页通常包含允许用户在服务器上查找其他相关可服务文件的链接。如果目录没有服务器识别为主页的文件，则构造目录列表并将其返回给浏览器。

在绝对 URL 中，地址包括整个文件位置（包括服务器名称）。相对 URL 仅显示相对于当前位置的文件名。当网页从服务器 A 移动到服务器 B 时，指向您的文件相对的链接仍然有效。但是如果键入了绝对 URL，则必须重新键入文件的链接保持不变。一般来说，相对 URL 更容易使用，因为只需要记住文件的实际名称（或者可能保留文件夹），而不是整个

URL 路径。

四、W3C

万维网联盟（World Wide Web Consortium，简称 W3C），又称 W3C 理事会，是由全球 430 多个成员组织组成，致力于通过提出技术建议，通过制定协议来开发 Web 以实现产品的全面发展的国际互联网组织。W3C 于 1994 年 10 月在 MIT/LCS（麻省理工学院计算机科学实验室）成立，现在由 MIT、ERCIM（欧洲信息学与数学研究联合会）和日本庆应大学共同主办。除此之外，还包括欧洲核子研究中心（欧洲核子研究组织）和 DARPA（美国国防高级研究计划局）在内的其他支持组织。除了数百个成员组织外，W3C 还有特定的组织，负责具体目标。W3C 将其大部分活动基于特定工作，如兴趣和协调小组的工作。这些小组由来自成员组织、W3C 小组和外部专家的代表组成。

W3C 团队包括 60 多名全球研究人员和工程师，他们负责 W3C 的技术工作，并且通常负责该联盟的运营。团队的大部分工作在 MIT/LCS、ERCIM 和庆应大学进行。

W3C 技术架构小组成立于 21 世纪初，旨在为 Web 的技术方面提供总体方向。它由 5 名当选和 3 名任命的参与者组成。每个组织都有自己的规则制定机构。W3C 由一些希望在标准中有发言权的高科技公司的代表组成。

W3C 将委员会与来自感兴趣成员的代表召集在一起，并为 HTTP 和 HTML 提供书面规范，以及一系列其他 Web 标准，包括 CSS。如果 W3C 没有保持这些标准，那么 Web 就不那么容易使用了，也可能不会像现在这样流行。所有 W3C 的活动，目标和任务声明都可以在 http://www.w3c.org/consortiurna 上获得。

W3C 的活动分为四个主要领域：

（一）架构领域

该领域开发了 Web 的基础技术和基础架构。

（二）信息域

该领域专注于互操作性和可访问性目标，并与交互工具的各个方面（如格式和语言）协同工作，以帮助实现这种互操作能力和可访问性的承诺。

（三）技术与社会领域

随着网络法律和其他专业类别的专业领域的发展，这些专业领域关注网络对商业和社会各个领域的影响，因此迫切需要制定围绕社会、法律和公共政策问题的标准，以及受 Web 影响（并反过来影响）的关注点。

（四）网络无障碍倡议（WAI）

该域名旨在确保所有人都可以访问 Web 的好处，从研究和开发到教育和外展，WAI 域旨在保证 Web 仍然是适合每个人的可行且易于使用的通信工具。

在万维网这个爆炸式不断变化的领域中，定期访问 W3C 可以及时了解技术领域的变化，并向您展示供应商中立的概述和技术规范。

五、MIME

多用途互联网邮件扩展类型（Multipurpose Internet Mail Extensions，简称为 MIME）是传统 Internet 邮件协议的扩展，允许多媒体电子邮件的通信。多用途互联网邮件扩展浏览展需要某种方式来确定从 Web 服务器接收的文档的格式。在不知道文档形式的情况下，浏览器将无法呈现它，因为不同的文档格式需要不同的呈现软件。这些文档的形式是通过多用途互联网邮件扩展（MIMEs）指定的。

MIME 指定通过 Internet 邮件发送的不同类型文档的格式这些文档可以包含各种文本、视频数据或声音数据。由于 Web 需要与 Internet 邮件类似，因此采用 MIME 作为指定通过 Web 传输的文档类型的方式。Web 服务器将 MIME 格式规范附加到它将要提供给浏览器的文档的开头。当浏览器从 Web 服务器接收文档时，它使用包含 MIME 格式规范来确定如何处理文档。如果内容是文本，则 MIME 代码告诉浏览器它是文本并且还指示它是特定类型的文本。如果内容是合理的，则 MIME 代码告诉浏览器它是合理的，然后给出声音的特定表示，以便浏览器选择它可以访问的程序以产生传输的声音。

最常见的 MIME 类型是 text、image 和 video。最常见的文本子类型是 plain 和 html。常见的图像子类型是 gif 和 jpeg。常见的视频子类型是 mpeg 和 quicktime。MIME 规范列表存储在每个 Web 服务器的配置文件中。

服务器通过使用文件扩展名来确定文档的类型。例如扩展名 .html 告诉服务器它应该将 text/html 附加到文档，然后再将其发送到请求的浏览器。浏览器维护一个转换表，用于通过文件扩展名查找文档的类型。某些旧服务器仅当未指定 MIME 类型时才使用此表，在所有其他情况下，浏览器从服务器提供的 MIME 头中获取文档类型。

每个浏览器都有一组可以处理的 MIME 规范（文件类型），可以处理 text/plain（无格式文本）和 text/html（HTML 文件）等。浏览器通过检查浏览器配置文件来确定所需的帮助应用程序或插件，该文件提供文件类型与其所需帮助程序或插件之间的关联。如果浏览器没有呈现文档所需的应用程序或插件，则会显示错误消息。

六、静态网页和动态网页

浏览器是 Web 上的客户端，因为它启动与服务器的通信，服务器在执行任何操作之前等待来自客户端的请求。

在最简单的情况下，浏览器从服务器请求静态文档。服务器将文档定位在其可服务文档中，并将其发送到浏览器，浏览器将为用户显示该文档。例如，服务器可以提供通过浏览器请求来自用户输入的文档。在用户提供所请求的输入之后，将其从浏览器发送到服务器。

由于客户端浏览器只能解析 HTML 格式的内容，如果服务器上网页资源是一个动态网页的话，服务器接收到用户请求后需要执行一些计算。如果需要请求数据库中的数据的话，服务器需要读取数据库中的数据，然后将最终生成的 HTML 格式的新文档返回到浏览器以通知用户计算的结果。

第二节　网页制作相关技术

一、HTML

超文本是由计算先驱西奥多·尼尔森（Theodore Nelson）创造的术语，它是一种包含超链接的文本，Web 是一个巨大的基于计算机的超媒体系统，基于计算机的超文本让读者可以随心所欲地跳转。超媒体系统就像超文本一样工作，它还包括图形、声音、视频、动画以及文本。

超文本标记语言（Hyper Text Markup Language，简称 HTML）可以标记文本，HTML 包含一组符号，告诉 Web 浏览器如何显示页面，我们把这些符号称为元素。Web 开发的本质是标记，用户也可以使用可视化编辑器（如 Dreamweaver 或 GoLive）来创建标记。HTML 中的标记驱动了 Web 上的所有内容，没有标记就没有万维网。

标记包含一组文档必须遵循的规则，以便软件处理该文档以正确读取它。读取标记文档的软件过程称为解析。如果文档未正确标记，则软件无法解析它。从理论上讲，HTML 旨在维护一套严格的标记规则，但这些规则是由设计用于解析 HTML 的 Web 浏览软件强制执行的。

20 世纪 90 年代中期，开发 HTML 初始版本的 Tim Berners-Lee 创建了万维网联盟（W3C），其主要目的是从 HTML 开始开发 Web 技术标准。Tim Berners-Lee 构想设计出一个简单的标记语言，使用这种语言能够通过互联网分享论文。Tim Berners-Lee 设计基于标准通用标记语言（SGML）的 HTML，这是一种用于在各种物理设备上标记文本的国际标准。SGML 的基本思想是文档的结构应与其表示分开：结构是指作者创建的文档的各种组件或部分，例如标题、段落和列表。

这样设计的优点：①如果标记仅由结构组成，则可以快速更改文档的外观。所有必要的是在显示文档的任何设备上更改演示文稿设置。②仅包含结构标记的文档维护起来更容易、更便宜。当包含表示标记及结构标记时，文档变得难以管理，维护成本急剧上升。

迄今为止，HTML 已经通过了多个主要标准。HTML 的早期标准包含许多当前版本的语言中仍然存在的核心功能。以下简要概述了各种版本和技术：

①HTML 1.0是使用Mosaic 1.0的原始规范，它支持少量元素。

②HTML 2.0在HTML 1.0基础上取得了巨大进步。实际上存在一个HTML 1.1，由Netscape创建，以支持其第一个浏览器可以执行的操作。

③HTML 3.2，第一个针对HTML的W3C推荐，这个版本增加了流行的功能，如支持上标、下标、表格等。它还为HTML2.0提供了向后兼容性。HTML 3.2比HTML 2.0丰富得多，它包括对样式表的支持。尽管HTML3.2规范支持CSS，但浏览器制造商并不能很好地支持CSS，HTML 3.2扩展了使设计人员能够自定义页面外观的属性数量（与HTML 4完全相反）。HTML 3.2不包括对框架的支持，但浏览器制造商实现了这点。

④HTML 4.0，这是HTML的早期黄金标准，它是大多数早期HTML程序员所掌握的版本。但是，HTML 4.01已经取代了HTML 4.0。

⑤HTML 5，2014年10月28日，W3C推荐标准HTML 5草案的前身名为WebApplications 1.0。于2004年被WHATWG提出，于2007年被W3C接纳，并成立了新的HTML工作团队。在2008年1月22日，第一份正式草案发布。

创建HTML文档实际上非常简单，HTML文档只是嵌入了HTML命令的文本文件。用户可以使用任何能够导出原始文本的编辑器创建文档。以下是一个简单的hello.html文档的实例：

＜ HTML ＞

＜ HEAD ＞

＜ TITLE ＞第一个HTML ＜ /TITLE ＞

＜ /HEAD ＞

＜ BODY ＞

这是我的第一个HTML文档

＜ /BODY ＞

＜ /HTML ＞

从这个例子我们可以看到，HTML的基本语法单元称为标记。标记的语法是由尖括号（＜和＞）包围的标记名称。大多数标签成对出现：包括开头标签和结束标签。结束标记的名称是其对应的开始标记的名称，并在开头附加斜杠。例如，标记名称为HTML是一个成对标记，它的开始标记是＜ HTML ＞，结束标记为〈/HTML〉。

使用浏览器打开hello.html文档，在浏览器显示结果如图1-1所示。网页标题栏显示＜ TITLE ＞标记内容，正文显示＜ BODY ＞标记内容。

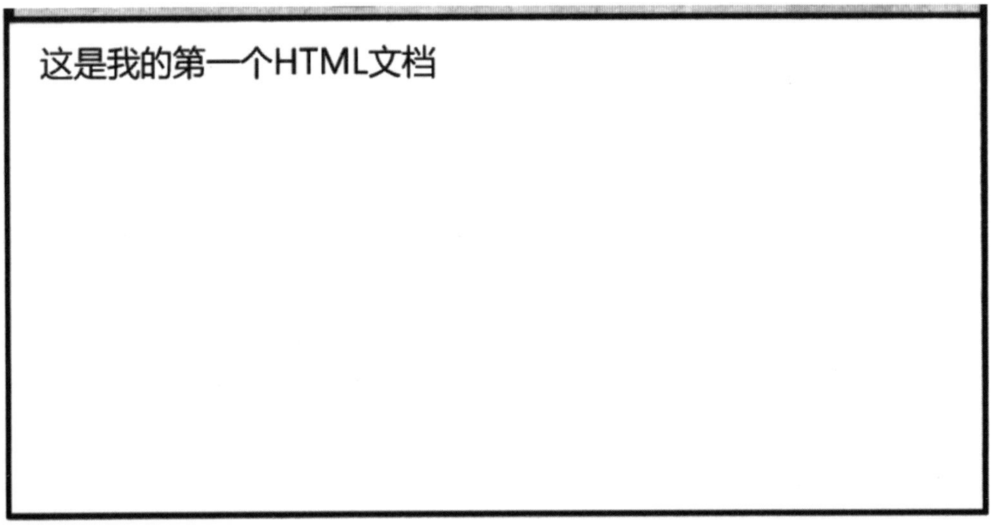

这是我的第一个HTML文档

图 1–1 hello.html 显示结果

用户可以在浏览器查看页面的 HTML 文件。通过在浏览器的“视图”菜单中选择“页面源”，可以在浏览器上显示网页的 HTML 代码。

从以上例子我们可以看到，一个 HTML 文件的基本结构由头部和主体两部分组成：

< HTML >

< HEAD >

……

< /HEAD >

< BODY >

……

< /BODY >

< /HTML >

HTML 文件有以下特点：

①标记大都成对出现，一对尖括号构成一个标记。例如，< HTML >和< /HTML >、< HEAD >和< /HEAD >、< BODY >和< /BODY >都是成对的标记。没有斜杠的是开始标记，有斜杠的是结束标记。除了成对标记外，也有只有开始标记、没有结束标记的单一标记。

② HTML 文件以< HTML >标记开始，告诉浏览器开始使用 HTML 格式化。以< /HTML >标记结束。

③一般情况下 HTML 文件由文件头和文件体两部分组成。

< HEAD >…< /HEAD >是文件头标记，放在它们之间的语句构成文件头。文件头中一般存放 TITLE 标记、META 标记等。

④< BODY >…< /BODY >是文件体标记，放在它们之间的语句构成文件体，表示可视显示文档的开头。在文档正文中，将出现各种标记，用于确定颜色、间距、字体选择、字体样式和超链接等内容。

省略号表示放在文件头和文件体内的其他语句，不需要时也可以省略 HTML、HEAD、BODY 标记的某一个或全部。

一些 HTML 标记不需要结束标记。例如，< BR >标记会导致回车（换行符），这种标记叫作单个标记。

标签及其结束标签之间出现的是标签的内容。开始标记及其结束标记一起指定它们所包含的内容容器及其内容称为元素。一个完整的 HTML 文件由标题、段落、表格和文本等各种嵌入的对象组成。知道了 HTML 文件的基本结构我们就可以往标记特别是< BODY >中添加文字、图片、音频、视频、超链接、表单、控件等各种元素丰富我们的网页内容。

二、JavaScript

JavaScript 是 Web 上使用最广泛的脚本语言，是绝大多数脚本的首选语言，已成为 Web 脚本语言的事实标准。JavaScript 最初由 Netscape 开发，并且由所有主流浏览器本地支持。JavaScript 的最初目标是在 Web 连接的服务器端和客户端提供编程功能。从那时起，JavaScript 已发展成为一种成熟的编程语言，可用于各种应用领域。

JavaScript 是一种相对简单而强大的语言，使用广泛，VBScript 是 Microsoft 创建的 Visual Basic 的扩展，但是并没有被广泛接受，因为 JavaScript 首先被引入 Web 开发者世界。因此，除了 VBScript 之外，Microsoft 还向 Internet Explorer 支持了 JavaScript。

JavaScript 和 Java 虽然名称相似，但 JavaScript 和 Java 实际上是非常不同的。一个重要的区别是对面向对象编程的支持。尽管 JavaScript 有时被认为是面向对象的语言，但它的对象模型与 Java 和 C++ 的对象模型完全不同。事实上，JavaScript 不支持面向对象的软件开发。Java 是一种强类型语言，类型在编译时都是已知的，并且检查操作数类型的兼容性。JavaScript 中的变量不需要声明并且是动态类型的，因此无法进行编译时类型检查。Java 和 JavaScript 之间的另一个重要区别是 Java 的对象是静态的，因为它们的数据成员和方法集合在编译时是固定的；JavaScript 对象是动态的，对象的数据成员和方法的数可以在执行期间更改。Java 和 JavaScript 之间的主要相似之处是它们的表达式、赋值语句和控制语句的语法。

JavaScript 是一种嵌入语言，它的语句直接嵌入 HTML 文本中，在 HTML 文本中通过标记< Script >使用 JavaScript 语句。以下是一个简单的 js.html 文档的实例：

```
< html >
< body >
```

```
< Script Language = "JavaScript" >
alert( "这是一个 JavaScript 脚本" );
< /Script >
< /body >
< /html >
```

js.html 文档在 JavaScript 脚本中调用了 alert() 函数，在浏览器中弹出一个警告对话框，显示传递的参数信息。使用浏览器打开 js.html 文档，在浏览器显示结果如图 1-2 所示。

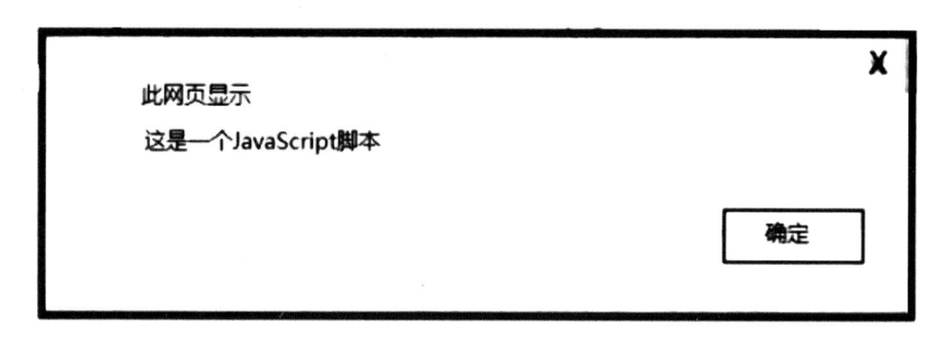

图 1-2 js.html 显示结果

由以上例子我们可以看到，JavaScript 是一种嵌入 HTML 的脚本语言。在 HTML 文档中嵌入 JavaScript 有两种不同的方式：隐式和显式。在显式嵌入中，JavaScript 代码实际驻留在 HTML 文档中。这种方法有几个缺点：首先，在同一文档中混合两种完全不同的符号使文档难以阅读；其次，在某些情况下，创建和维护 HTML 的人与创建和维护 JavaScript 的人不同，可能会导致许多问题。为了避免这些问题，可以单独写一个 JavaScript 文件，与 HTML 文档分开，这种方法称为隐式嵌入。

所有 JavaScript 脚本都直接或间接嵌入 HTML 文档中。脚本可以直接显示为< script >标记的内容。

JavaScript 可以作为服务器端编程的替代方案。因为 JavaScript 嵌入在 HTML 文档中并且由浏览器解释，可以减轻服务器的负担。但是 JavaScript 无法取代所有服务器端的功能。

JavaScript 脚本通常执行的大部分操作都是事件驱动的，由于可以使用 JavaScript 轻松检测按钮单击和鼠标移动，因此可以使用它们触发事件并向用户提供反馈。例如，当用户从文本框移动鼠标光标时，JavaScript 可以检测到该移动并检查文本框的值的适当性。使用 JavaScript 可以很容易地在浏览器显示新生成内容。

Html 提供了 onKeydown、onKeyup 、onKeypress 等键盘事件。以下是一个 event.html 文档，用来观察简单的键盘事件：

```
< html >
< body >
< input type  = " text " value = "  " size = 20 " onKeydown = " alert (
'key is down' ); " >< br >
< input type = " text "  value = " " " size = " 20 " onKeyup = " alert (
'key is up' ); " >< br >
< input type = " text " value = " " size = " 20 " onKeypress = " alert (
'key pressed' ); " >
< /body >
< /html >
```

Event.html 文档在界面中实现了 3 个文本输入框控件，并响应了键盘事件 onKeydown、onKeyup、onKeypress。当按键被按下、弹起或按键的时候会调用 alert()函数，在浏览器中弹出一个警告对话框，显示传递的参数信息。使用浏览器打开 event.html 文档，在浏览器显示结果如图 1-3 所示。

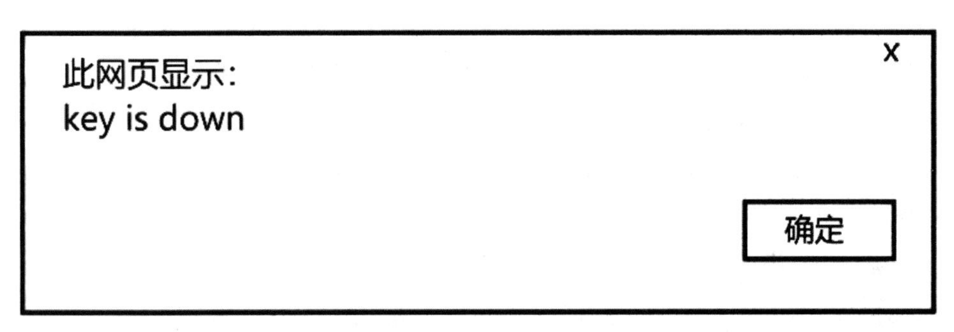

图 1-3 event.html 显示结果

三、JSP

JSP 是 Java Server Pages 的缩写，它是用 Java 写的 Web 服务页面程序，可以通过将脚本文件转换为可执行的 Java 模块。所有的 JSP 程序在运行时都会转换为与其对应的 Java Servlet 类，由该类的实例接收用户请求并做出响应。JSP 技术是基于 Java Servlet 和整个 Java 体系的 Web 服务器端开发技术。

JSP 页面由两部分组成：一部分是 JSP 页面的静态部分，如 HTML、CSS 标记等，常用来完成数据显示和样式；另一部分是 JSP 页面的动态部分，如脚本程序、JSP 标签等，常用来完成数据处理。

JSP 网页是在传统的 HTML 文件里加入 JSP 标记或 Java 程序片段构成，JSP 页面文件以“jsp”为扩展名进行保存。

当一个 JSP 页面第一次被访问的时候，JSP 引擎将执行以下步骤：

①将 JSP 页面翻译成一个 Servlet，这个 Servlet 是一个 Java 文件，同时也是一个完整的 Java 程序；

② JSP 引擎调用 Java 编译器对这个 Servlet 进行编译，得到字节码文件 class；

③ JSP 引擎调用 Java 虚拟机来解释执行 class，主要调用 _jspService（）方法，对用户请求进行处理并做出响应，生成向客户端发送的应答，然后发送给客户端。

以上三个步骤仅仅在 JSP 页面第一次被访问时才会全部执行，以此首次访问 JSP 页面速度会稍慢些，但以后的访问不再创建新的 Servlet，只是新开一个服务线程，访问速度会因为 Servlet 文件已经生成而显著提高。调试时，如果 JSP 页面被修改，则对应的 JSP 需要重新编译。

开发 JSP/JSF Web 应用程序所需的一切都可以从 Internet 免费下载，但要安装所有必需的软件包和工具并获得集成开发环境，其搭建环境过程如下所示：

①配置 JAVA 开发工具包 JDK（Java Develop Kit），配置 JDK 环境变量。需要在“系统变量”中设置：JAVA_HOME、PATH、CLASSPATH。

②添加 Tomcat 服务器。Tomcat 是一个可以执行代码并充当动态页面的 Web 服务器的应用程序。Apache Tomcat 是一个开源软件，可作为独立的服务器来运行 JSP 和 Servlets，也可以集成在 Apache Web Server 中。下载 Tomcat 地址：http://tomcat，apache.org/。下载安装完毕即可进行测试，启动 Tomcat 服务器。浏览器中访问：输入 http://local host：8080/ 进行访问。

JSP 原始代码中包含了 JSP 元素和模板两类。

模板指的是 JSP 引擎不处理的部分，即标记＜%…%＞以外的部分，例如，代码中的 HTML 的内容等，这些数据会直接传送到客户端的浏览器。

JSP 元素则是指将由 JSP 引擎直接处理的部分，这一部分必须符合 JSP 语法，否则会导致编译错误。以下是一个简单的 index. jsp 文档的实例：

```
＜%@page language＝" java " import＝" java.util.* " %＞
＜%！ int condition；%＞
＜html＞
＜body＞
＜%condition＝1；
switch（condition）{
case 0：
out println（" You must select condition 0！ " + "＜br＞"）；
```

```
break;
case 1:
out println ( " You must select condition 1 ! " + " ＜br＞ " ); break;
default:
out println ( " Your select not in\ " 0, 1, 2\ " , select again ! ! " + " ＜br
＞ " ); }%＞
＜/body＞
＜/html＞
```

将 index. jsp 文档发布到本地服务器上，在客户端浏览器地址栏输入服务器地址，端口号和 index. jsp 文件目录，在浏览器显示结果如图 1-4 所示。

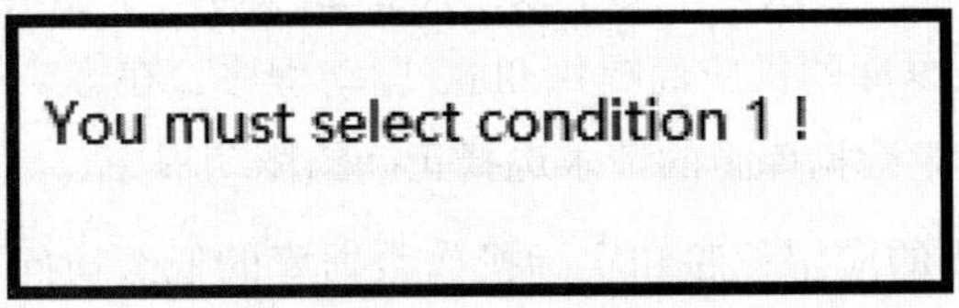

You must select condition 1 !

图 1-4　访问 Tomcat 服务器

四、ASP.NET

. NET 是 Microsoft 在 2000 年初宣布的一系列技术的总称。2002 年 1 月，Microsoft 发布了支持 . NET 的软件。在 . NET 之前，Microsoft 的基于分布式组件的系统技术被命名为组件对象模型（COM）。COM 架构存在几个严重的缺点。虽然它允许开发包含用不同编程语言编写的组件的系统，但它不支持这些语言之间的继承。因此，Visual Basic（VB）程序无法从 C++ 类派生新类。COM 的另一个缺点是语言之间的映射类型很复杂。

组件是软件的封装，可以独立存在并由其他组件使用，组件也可以使用 . NET 以外的技术创建。JavaBeans 和 . NET 组件之间的主要区别在于 . NET 组件可以用各种不同的编程语言编写。

. NET Framework 就是一个用于开发和部署 . NET 软件的框架。在 . NET 中，核心概念是软件系统或服务由组件组成，这些组件可以用不同的语言编写并驻留在不同位置的计算机上。此外，由于所使用语言的多样性，用于开发和部署的工具集合必须是语言中立的。支持各种编程语言的优点是可以轻松地从许多不同语言的软件迁移到 . NET。

ASP. NET（ASP 是 Active Server Pages 的缩写）是一种用于构建动态 Web 文档的 Microsoft 技术。Web 服务器上执行的编程代码支持动态 ASP. NET 文档。ASP. NET 允许使用 JScript（Microsoft 的 JavaScript）或 VBScript（VB 的脚本方言）编写的嵌入式服务器端脚本。

每个 ASP.NET 文档都被编译成一个特定 .NET 编程语言的类，该语言驻留在一个程序集中。编译类存储在 .NET 中的单元。程序集也是 .NET 的部署单位。从程序员的角度来看，在 ASP.NET 中开发动态 Web 文档（和支持代码）与开发非 Web 应用程序类似。

五、数据库

访问数据库是进行动态网页设计必需的一项技术。对数据库的查询用到的是关系数据库的结构化查询语言（SQL），它是一种标准语言，用于指定对关系数据库的访问和修改。SQL 最初由美国国家标准协会（ANSI）和国际标准化标准组织（ISO）于 1986 年制定，SQL 在早期得到了显著的扩展和修改，其结果在 1992 年被标准化。所有主要数据库供应商提供的数据库管理系统都支持 SQL。

通过 Web 访问数据库的方法包括开放式数据库连接（ODBC），它提供了一组对象和方法的 API，作为不同数据库的接口。每个数据库都必须有一个驱动程序，它是这些对象和方法的实现：最常见数据库的供应商提供 ODBC 驱动程序。在客户端计算机上运行的 ODBC 驱动程序，系统会为特定数据库上的请求选择正确的驱动程序。

JDBC 在使用数据库的应用程序和实际操作数据库的低级访问软件之间提供了一组标准接口，这些数据库由数据库供应商提供，并且依赖于所使用的特定数据库品牌。JDBC 允许应用程序独立于所使用的数据库系统，只要在运行应用程序的平台上安装 JDBC 驱动程序即可。

在 servlet 中使用 JDBC 可以在现有数据库上执行简单 SQL 操作。

首先，在应用程序和数据库之间建立连接。最近版本的 NetBeans 包含 MySQL 及其他一些数据库系统的数据库驱动程序。

通过使用 DriverManager 类的 getConnection 方法创建 Connection 对象，可以从 servlet 连接到数据库。定义数据库的链接地址：

String url ＝“jdbc：mysql：//localhost/database”；

String databasename ＝“root”；

String pass ＝“123”；

得到与数据库的连接对象：

con ＝ DriverManager.getConnection（url，databasename，pass）；

建立与数据库的连接后，servlet 可以使用 SQL 命令访问数据库。声明 sql 语句：

select*from table where 条件；

得到一个 Statement sql 对象，通过该对象，其中一个 Statement 方法可以实际发出命令。执行 sql 语句：

sql ＝ con.CreateStatement（）；

sql.executeQuery（select*from table）；

最后，处理 sql 语句的返回结果，关闭数据库。

六、其他技术

（一）Cookie

我们在上面提到 HTTP 服务器是无状态的，这简化了服务器设计，并允许工程师开发可以处理数千个同时 TCP 连接的高性能 Web 服务器。然而，通常希望网站识别用户，或者因为服务器希望限制用户访问，或者因为它想要根据用户身份来提供内容。出于这些目的，HTTP 使用 Cookie。Cookie 允许网站跟踪用户。

Cookie 也是一种会话跟踪机制。Cookie 是 Web 服务器通过浏览器在客户机的硬盘上存储的一小段文本，用来记录用户登录的用户名、密码、时间等信息。当用户下次再次登录此网站时，浏览器根据用户输入的网址，在本地寻找是否存在与该网址匹配的 Cookie，如果有，则将该 Cookie 和请求参数一起发送给服务器处理，实现各种各样的个性化服务。

大多数主要商业网站今天使用 Cookies。

Cookie 可以用来识别用户。用户第一次访问站点时，用户可以提供用户标识。在后续会话期间，浏览器将 Cookie 标头传递给服务器，从而将用户标识到服务器。

因此 Cookie 可用于在无状态 HTTP 之上创建用户会话层。例如，当用户登录到基于 Web 的电子邮件应用程序（例如 Hotmail）时，浏览器会向服务器发送 Cookie 信息，允许服务器在整个用户与应用程序的会话中识别用户。

（二）session

在 Web 开发中，客户端与服务器端进行通信是以 HTTP 协议为基础的，而 HTTP 协议本身是无状态的，无状态是指协议对于事务处理没有记忆能力。HTTP 无状态的特性严重阻碍了 Web 应用程序的实现。有两种用于保持 HTTP 连接状态的技术，它们是 session 和 Cookie。

Session 对象是 javax.servlet.http.HttpSession 接口的实例对象。Session 对象是用户首次访问创建的，session 对象的管理细节有如下几点：

①新客户端向服务器第一次发送请求的时候，request 中并无 sessionID。

②此时，服务器端会创建一个 session 对象，并分配一个 sessionID，serssion 对象会保存在服务器端。此时 session 对象的状态处于 new state 状态，如果调用 session.isNew（）方法，则返回 true。

③服务器端处理完毕后，将此 sessionID 随同 response 一起传回到客户端，并将其存入客户端的 cookie 对象中。

④当客户端再次发送请求时，会将 sessionID 同 requesl 一起传送给服务器。

⑤服务器根据传递过来的 sessionID，将该请求与保存在服务器端的 session 对象进行关联，此时，服务器上的 session 对象已不再处于 new state 状态，如果调用 session.isNew（），则返回 false。

session 对象生成后，只要用户继续访问，服务器就会更新 session 对象中的该客户的最后访问时间信息，并维护该 session 对象。也就是，用户每访问服务器一次，无论是否读写 session 对象，服务器都认为该用户的 session 对象“活跃（active）”了一次。

第三节　网站创建

在构建网站之前，请尝试以下一些规划建议：

明确定义网站的目的是不是个人网站、商业或电子商务网站，网站在本质上是否具有信息性，网页设计将受到网站存在的原因的影响。

考虑受众，想要访问网站的受众群体类型，他们的需求和兴趣，网站会吸引他们的原因。

确定网站需要成功的内容有许多，网站是否需要添加许多“花里胡哨”的东西，视频、音频和响应式表单。

但是如果只是添加东西，因为它们看起来很酷，那么可能会有损网站而不是使它更具吸引力。在将其包含在页面上之前，确定网页真正需要的内容。

具有类似用途的研究网站一旦确定了网站的目的，请进行一些搜索以找到相似的网站，从它们的优秀设计和错误中学习。

一、设计 HTML 页面

我们前面介绍的所有网页设计技术，JavaScript　JSP 和数据库的访问等都可以嵌入一个 HTML 文档中。所以，创建一个 HTML 页面是网页制作的基础。

创建一个 HTML 页面很简单，只需要一个简单的文本编辑器，例如 Windows 记事本，以及用于查看页面的 Web 浏览器。虽然可以使用 Word 或任何其他文字处理器来创建 HTML 文档，但使用简单的文本编辑器更容易。

仔细选择＜ title ＞。按标题进行搜索引擎查找，分类和列出页面。如果希望人们找到您，请确保网站上的每个页面都有一个简洁准确地描述该页面内容的标题。标题选择越好，网页越有可能在搜索引擎的结果中占据优势。

此时，您只须关注前四个元素：＜ html ＞、＜ head ＞、＜ title ＞、＜ body ＞。

这些是几乎所有 HTML 页面中都会找到的元素。

最后，需要添加必要的元素来完善所需的网页。

HTML 文档只是嵌入了 HTML 命令的文本文件。用户可以使用任何能够导出原始文本的编辑器创建文档。

二、创建一个 JSP 站点

一个 Web 站点可能有很多个页面，所以我们要创建一个 Web 站点。这里以 JSP 为例，在前面完成了环境搭建后（JDK、Tomcat、IDE），就可以创建一个 Web 项目了。下面就从编写一个 JSP Web 网站了解 JSP Web 网站的基本使用：

①使用 edipse 初始化一个 JSP Web 项目。新建项目 File-New-Dynamic Web Project，填写项目名称。注意勾选生成 web.xml，当然如果不勾选也行，但后续如果有需要用到配置的地方就需要再单独添加，故这里选择一并生成，最后点击 finish 按钮即可生成 Web 项目的地址。

②在新建的站点添加我们自己的 Web 页面。使用 New-JSP File 弹出新建 JSP 页面向导，选择新建 JSP 文件名。

③把页面部署到 Tomcat 上，点击 ADD，然后选择 Tomcat 服务器，点击 Finish，然后点 OK。

④启动服务器，从浏览器访问站点 http://localhost：8080/test 1/index，jsp。

服务器是从属程序：只有在 Internet 上其他计算机上运行的浏览器向它们发出请求时，它们才会起作用。最常用的 Web 服务器是 Apache，已被用于各种计算机平台，以及 Microsoft 的 Internet Information Server（IIS），在 Windows 操作系统下运行。

三、网站发布

前面我们将 Web 站点发布到自己的服务器上，但是如果想要发布到网络中，让别人访问的话，还需要考虑以下问题：

①找到一个 Web 托管服务提供商来保存自己的网页。Web 主机可能是我们向 Internet 服务提供商（ISP）支付的公司 Web 服务器或空间。

②使用 FTP 客户端或 Web 浏览器建立与 Web 服务器的连接。使用托管服务提供商提供的信息中指定的用户名和密码在 Web 服务器上打开 FTP 会话，将文件从硬盘驱动器复制到 Web 服务器。

③使用 Web 浏览器通过 Internet 查看文件。Web 主页在 Web 行业中表示设置用于保存 Web 页面（和相关文件）的 Web 服务器，以便世界其他地方可以访问它们。

如果需要运行复杂的站点，例如大型企业站点或在线商店，则需要比本节概述更多的专业知识、设备和软件。

Web 服务器软件：常见的 Web 服务器软件包括 Apache 和 Microsoft 的 Internet Information Server（IIS），在 Windows 2000 及更高版本中称为 Internet 信息服务。

托管网站有时候是昂贵的。我们不仅需要为设备和专用 Internet 连接付费，而且还必须知道如何设置和管理 Web 服务器。使用托管服务提供商管理 Web 托管的所有技术方面，从硬件到软件再到 Internet 连接。您只须管理 HTML 页面即可。

此外，需要申请自己的域名，如果您没有获得自己的域名，您的网页将成为其他人域名的一部分，通常是您的托管服务提供商的域名。任何优秀的托管服务提供商都可以提供有关如何在提供商的系统中注册域名或将您的域名附加到其计算机上的网站的详细说明。

第二章　网页制作工具 Dreamweaver

第一节　Dreamweaver CC 的简介

Adobe Dreamweaver，简称“DW”，中文名称“梦想编织者”，是美国Macromedia公司开发的集网页制作和管理网站于一身的所见即所得网页编辑器。DW具有可视化编辑界面，用户不必编写复杂的HTML源代码就可以生成跨平台、跨浏览器的网页，不仅适合于专业网页编辑人员的需要，同时也容易被业余网友们所掌握。

Adobe Dreamweaver使用所见即所得的设计方法，也有HTML（标准通用标记语言下的一个应用）编辑的功能。它有Mac和Windows系统的版本。Macromedia被Adobe收购后，Adobe也开始计划开发Linux版本的Dreamweaver。Dreamweaver自MX版本开始，使用了Opera的排版引擎“Presto”作为网页预览。

Dreamweaver网页设计软件的优缺点：

①软件优点：Dreamweaver可以用最快速的方式将Fireworks、FreeHand或Photoshop等档案移至网页上。

使用网站地图可以快速制作网站雏形，设计、更新和重组网页。改变网页位置或档案名称，Dreamweaver会自动更新所有链接。使用支援文字、HTML码、HTML属性标签和一般语法的搜寻及置换功能使得复杂的网站更新变得迅速又简单。

Dreamweaver是可以提供视觉化编辑与原始码编辑同步的设计工具之一。它包含HomeSite和BBEdit等主流文字编辑器。帧（frames）和表格的制作速度快得令你难以想象。进阶表格编辑功能使用户简单地选择单格、行、栏或做未连续之选取，甚至可以排序或格式化表格群组。DW支持精准定位，利用可轻易转换成表格的图层以拖拉置放的方式进行版面配置。所见即所得DW成功整合动态式出版视觉编辑及电子商务功能，提供超强的支援能力给Third-party厂商，包含ASP、Apache、BroadVision、ColdFusion、iCAT、Tango与自行发展的应用软件。当用户正使用Dreamweaver在设计动态网页时，凭借所见即所得的功能，不需要透过浏览器就能预览网页。

②软件缺点：难以精确达到与浏览器完全一致的显示效果。也就是说，在所见即所得

网页编辑器中制作的网页，放到浏览器中很难完全达到真正想要的效果，这一点在结构复杂一些的网页（如分帧结构、动态网页结构）中便可以体现出来；代码难控制。相比之下，非所见所得的网页编辑器就不存在这个问题，因为所有的 HTML 代码都在监控下产生，但是由于非所见所得编辑器的先天条件不足，注定了它的工作低效率。

一、Dreamweaver CC 的工作界面

Dreamweaver CC 版本除了外观有所改变以外，软件本身随着更新也添加一些新功能，让 Web 开发人员更快生成简洁有效的代码。但软件在结构上，较前期版本基本上没什么变化。

（一）Dreamweaver CC 的起始页

Dreamweaver CC 的起始页并不是只在第一次启动时出现，而是在 Dreamweaver 每次启动时或者在每次没有打开文档时，都会在主窗口中显示。

在 Dreamweaver CC 的起始页中整合了多项常用功能，方便了用户较快使用其功能。主要分为三大类：最近浏览的文件，方便用户快速找到最近编辑过的网页；新建，使制作人员快速进入所要创建的不同项目类型；了解，作为初学者或有经验的开发者，都可在此类别中找到软件的视频链接与新功能展示。

图 2-1 起始页

（二）界面基本组成

Dreamweaver CC 界面与 Dreamweaver 的前期版本相比，界面总体的格局比较相似。此工作界面仍然是 MDI（多文档）形式，将所有的文档窗口及面板集合到主窗口中。

主程序界面大致分为以下几个区域：菜单栏、“插入”面板、“文档”工具栏、文档编辑区、“状态”栏、“属性”面板和右侧的面板组。

1. 菜单栏

Dreamweaver CC 中共有 10 个菜单，分别为“文件”“编辑”“查看”“插入”“修改”“格式”“命令”“站点”“窗口”和“帮助”。主要用于文件的管理、站点管理、插入对象、窗口的设置等一系列的操作。当然，其中很多功能在其他面板或者工具栏中也能找到。不过，菜单栏里的所有这些项目提供了较为完整的功能。

2. “插入”面板

“插入”面板是整个面板组中最常用的一个面板，其中包含了各种次一级的面板，以下拉弹出菜单的方式切换，如“常用”插入面板、“结构”插入面板、“媒体”插入面板等，通过这个面板可以轻松实现网页当中各种对象的插入。

“常用”插入面板包含了网页中的常见对象，如“层”“图像”“表格”等，单击对应的按钮即可在文档窗口插入相应的对象，如图 2-2 所示。

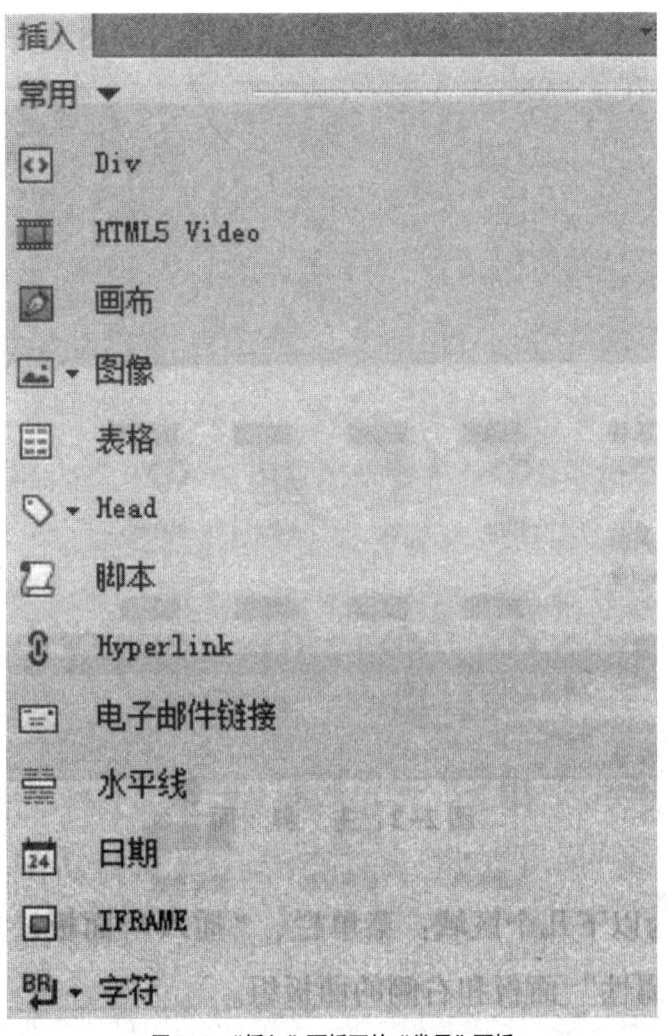

图 2-2 “插入”面板下的“常用”面板

“结构”插入面板集中了一些设计网页结构的工具，如“项目列表”“编号列表”“标题”等元素。

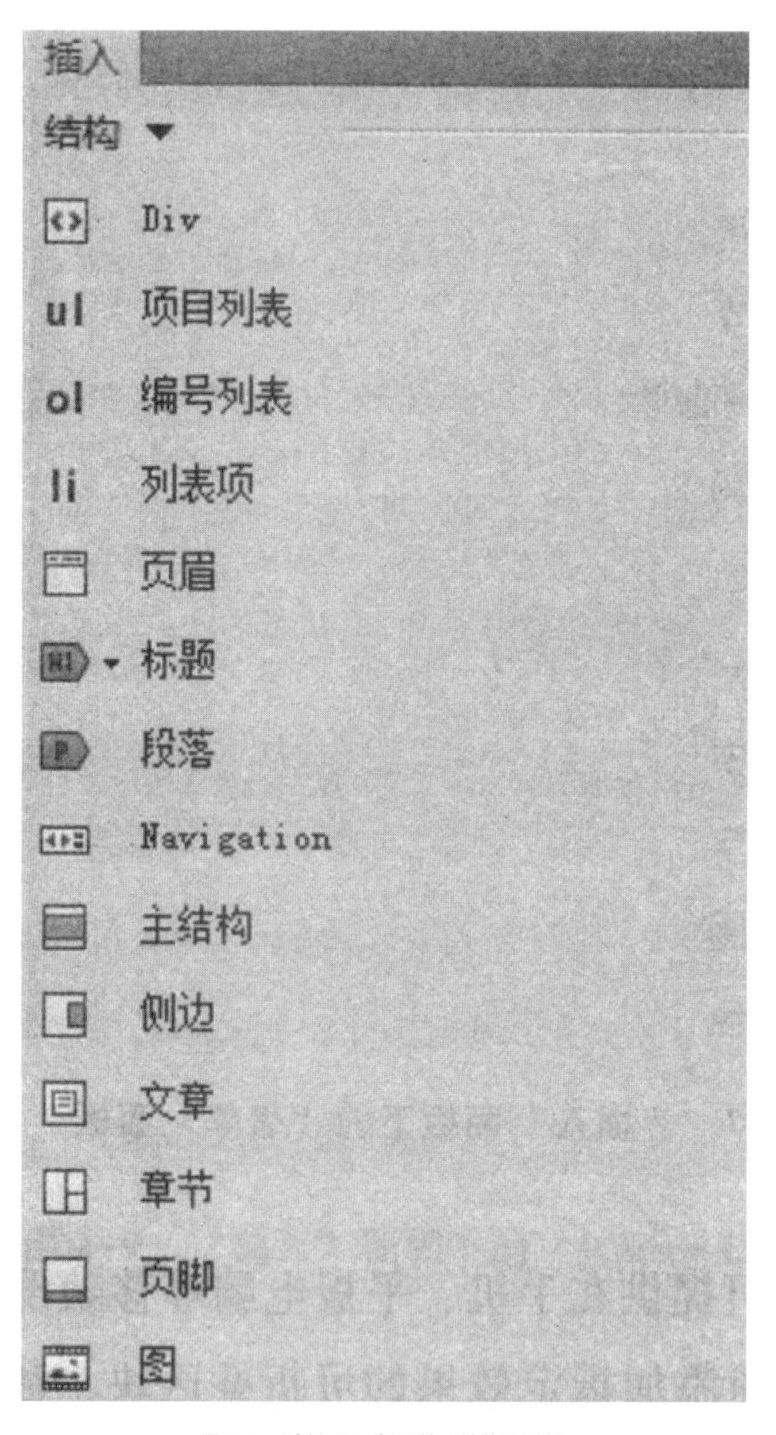

图 2-3 “插入”面板下的“结构”面板

“媒体”插入面板提供了快速添加视频、音频、动画等视音对象元素的快捷按钮，如图 2-4 所示。

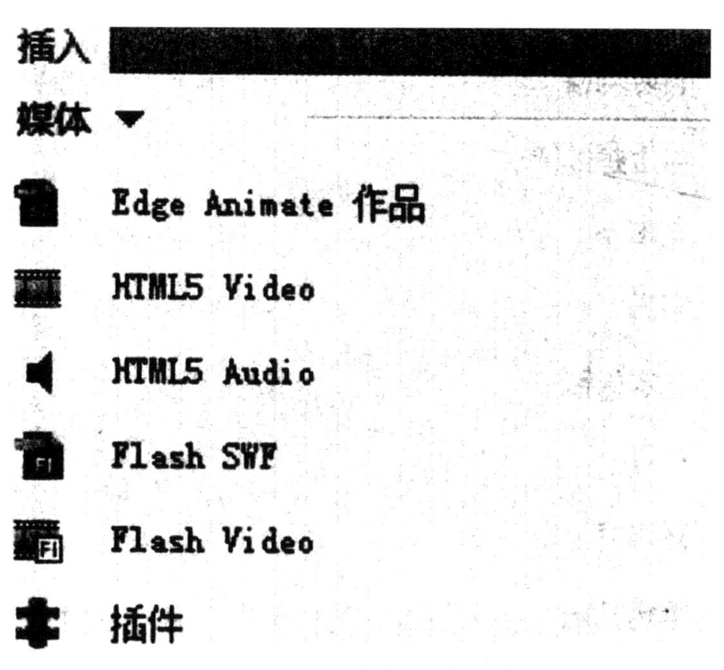

图 2-4 “插入”面板下的“媒体”面板

“表单”插入面板用于在网页中快速添加各种表单元素，如文本框、密码框、按钮等，如图 2-5 所示。

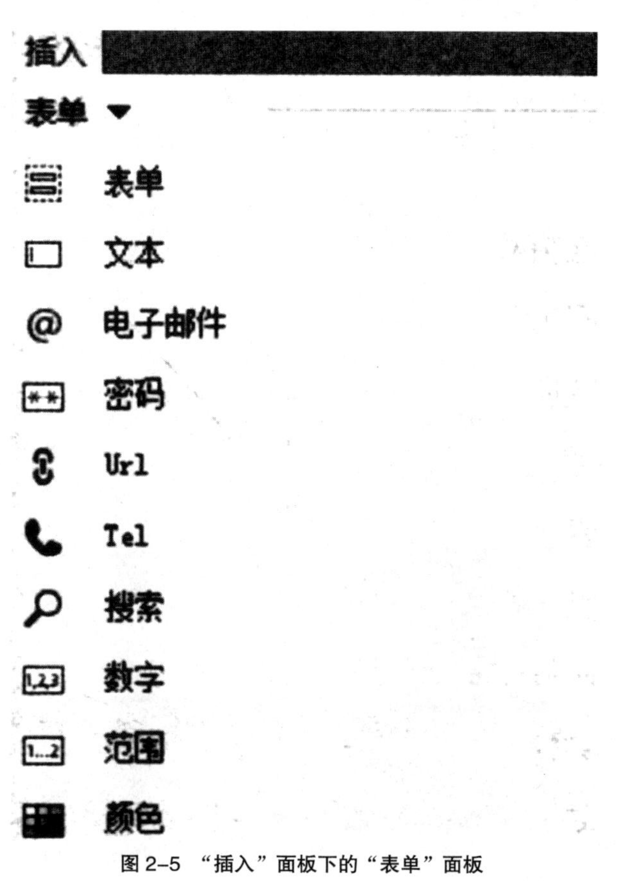

图 2-5 “插入”面板下的“表单”面板

“jQuery Mobile”插入面板可提供在手机、平板电脑等移动设备上的 jQuery 核心库支持，通过该面板可在页面中快速添加指定效果的可折叠区块、翻转切换开关、搜索等对象，如图 2-6 所示。

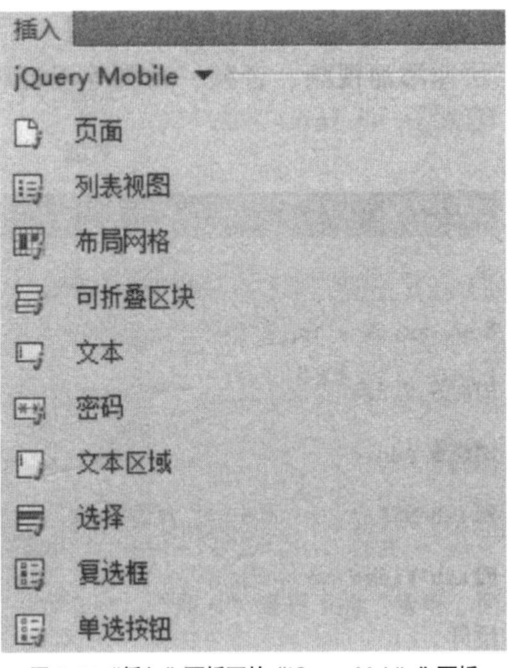

图 2-6 “插入”面板下的“jQuery Mobile”面板

“jQueryUI”插入面板中提供了特殊效果的对象，通过该面板可快速在页面中添加具有指定效果的选项卡、日期、对话框等对象，如图 2-7 所示。

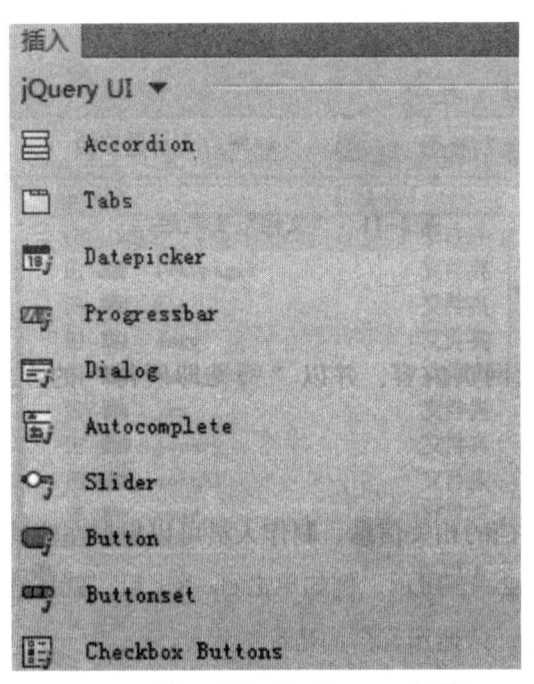

图 2-7 “插入”面板下的“jQuery UI”面板

“模板”插入面板中提供了有关制作模板页面的各种工具，通过该面板可快速执行创建模板、指定可编辑区等操作，如图 2-8 所示。

图 2-8 “插入”面板下的“模板”面板

3.“文档”工具栏

“文档”工具栏中包含了代码视图与设计视图的切换、查看文档及站点间传送文档的相关命令与选项。其中最常用的是视图间的切换和文档的查看。

4. 编辑区

制作人员在此区域编辑网页内容，并以“所见即所得”的方式显示被编辑的网页内容。

5.“状态”栏

显示了当前正在编辑文档的相关信息。制作人员可以根据左侧的标签选择器非常容易地选取网页中的元素。例如单击＜ body ＞后，就可选取整个网页。还可单击状态栏右侧的设备缩略图，快速定义页面适配的尺寸。

6.“属性”面板

用于显示当前选定的网页元素的属性，并可在“属性”面板上进行修改。当选择不同的网页元素时，“属性”面板的显示内容也会有所不同，例如图片和表格所显示的属性是不一样的。此外，单击“属性”面板右下方的下拉按钮，可以根据使用的需要，折叠或展开“属性”面板。在这里建议用户在一般情况下都设置为展开模式。

7. 面板组

面板组是停靠在窗口右边的多个相关面板的集合。面板是被组织到面板组中的，具有浮动的特性。同时，每个面板都可以展开或折叠，并且可以和其他面板停靠在一起或独立于面板组之外。用户可以根据自己的喜好，将不同的浮动面板重新组合，达到个性化的界面设计。

二、定义站点

（一）站点设计流程

第一步：对要创建的站点进行规划。

网站规划对网站建设起到计划和指导的作用，对网站的内容和维护起到定位作用。网站策划书应该尽可能涵盖网站规划中的各个方面，网站规划书的写作要科学、认真、实事求是。

策划原则：

①不要让用户思考、网页上每项内容都有可能迫使用户停下来，进行不必要的思考。

②不要让用户的等待超过 30s。所以你的空间访问速度一定要快，而且最好不要用过多的 flash，用户访问你的网站是观看内容的，不是过来看你的 flash 动画的，网站本身一定要整洁明快，切忌装饰过多的设计元素。

③设计明确的导航。请记住一个事实：如果在网站上找不到方向，人们不会使用你的网站。

④平衡各项元素。平衡是一个优秀网站设计的重要部分。网站内容的设计，要做到以下三个方面的平衡：

一是文本和图像之间的平衡；

二是下载时间和页面内容之间的平衡；

三是背景和前景之间的平衡。

第二步：建立一个尽量完整的站点结构。无论是从提高工作效率的目的出发，还是为了今后维护方便，建立一个完整的站点结构都是非常必要的。

（二）站点素材文件类型

1. 文字资料

文字在网页里始终占据着一定的比例。虽然在 Dreamweaver 里可以直接输入文字，但在实际应用时，网页制作人员更多的还是采用将现有的文字通过复制和粘贴的方式插入网页。

2. 图片资料

图片是网页元素中的主力军。图片在网页中所起到的作用不仅是对文字内容的补充，更多的还是对网页的美化和点缀。很多网页之所以被认为优秀，在很大程度上取决于版面的设计，而这些版面往往都是有图片元素组成。

3. 动画资料

可以是 GIF 动画或者 Flash 动画。

4. 音频资料

网页中使用的声音资料一般是作为网页的嵌入音频文件或者提供用户下载收听的各类音频文件。

5. 视频资料

由于视频文件一般都比较大，所以在网页上直接播放的情况还不是非常普遍，但是现在还是有很多的站点都提供视频播放的功能或者提供用户下载的视频文件。

6. 其他资料

还有 Activex 控件、Java Applet 等网页多媒体动态效果。

（三）站点结构规划

从一开始就要养成从网站整体去设计网页。在建立站点之前最好先规划站点结构，这样可以为以后的制作、维护和更新站点提供便利。要建立一个层次结构分明的站点，通常是在本地磁盘上创建一个文件夹，这个文件夹称为“根目录”，在这个文件夹中存放站点中的所有资料，分门别类地建立子文件夹，管理图像、动画、网页等文件。组织站点结构注意以下要点：

①将站点内容分门别类，即将相关页面放置在同一文件夹内。

②确定放置图像、声音或其他多媒体文件的位置，单独放置图像、声音等文件。

③对本地站点和远程站点使用相同的结构，即：在创建并测试完站点后，将所有文件都上传，使本地结构完整地复制到远程站点上。

（四）Dreamweaver CC 的站点管理

在 Dreamweaver 中可实现对站点的管理，包括站点的新建、复制、编辑、导入和导出等。站点结构目录建立完毕后，通过以下三种方法来创建本地站点：

第一，在起始欢迎界面单击“站点设置”按钮。

第二，在“文件”面板中单击“管理站点”超链接，可在弹出的管理站点面板中执行站点的各项管理，如“新建站点”，或编辑当前站点。

第三，通过选择“站点”选项创建。

下面以通过选择“站点”选项创建本地站点为例，讲解具体的创建方法。在Dreamweaver CC 中建立本地站点的方法如下：

①选择“站点”→“新建站点”选项。

②在打开的站点设置对象对话框的“站点名称”文本框中输入站点名称，单击“本地站点文件夹”文本框右侧的“浏览”按钮，为本地站点选择根文件夹，此处的根目录路径尽量不要包含中文文件夹。

③单击“保存”按钮完成站点的建立，此时“文件”面板显示当前站点的新本地根文件夹。“文件”面板中的文件列表将充当文件管理器，允许复制、粘贴、删除、移动和打开文件，就像在计算机桌面上一样。

三、基本功能简介

（一）文件的基本操作

在 Dreamweaver CC 中，可以使用“文件”菜单对单独的文件进行管理，例如执行“新建”“打开”“保存”“另存为”等命令。另外也可以在“文件”面板中直接对本地站点中的文件进行管理，如执行“新建”“打开”“删除”“移动”“复制”“重命名”等命令。

选择“文件”面板中对应文件，即可对选取文件进行编辑操作。如选择文件后，单击右键，在弹出的菜单中执行“打开”命令，则 Dreamweaver CC 在文档窗口中打开该文件，当然最简单的方法是在“文件”面板中双击对应的文件图标。

在对站点中的文件或文件夹进行操作时，合理地使用右键快捷菜单能大大加快操作速度。如在“文件”面板空白处上单击鼠标右键，然后执行“新建文件夹”命令，可以在本地站点中新建一个文件夹。

（二）编辑站点

在 Dreamweaver 中创建好本地站点后，如果需要，还可以对整个站点（本地根目录）进行编辑操作，如复制站点、删除站点等。

如果需要编辑站点，可以执行以下步骤：

①单击“站点”菜单，在下拉列表中执行“管理站点”命令。

②在对话框列表中选择需要编辑的站点，即可激活左下方四个快捷按钮，分别可进行“删除”“编辑”“复制”及“导出”的操作。

单击“新建站点”按钮，打开“站点设置对象”对话框，可以新建一个站点；单击“删除”按钮，可以将站点文件夹在 Dreamweaver CC 中清除；单击“编辑”按钮，打开“站点设置对象”对话框，可以编辑站点信息，包括站点名称及根文件夹路径；单击“复制”按钮，可以复制一个被选择的站点；单击“导出”按钮，可以将 Dreamweaver CC 中的站点导出，以便别的用户或者在别的计算机上使用该站点；单击“导入”按钮，打开“导入站点”对话框，浏览到要导入的站点（保存为站点定义文件 ste 文件）并将其选定可以导入一个站点（在导入文件之前，必须先从 Dreamweaver CC 中导出站点，将站点保存为 ste 文件）。

③操作完成后，单击“完成”按钮。

（三）指定站点首页

网站的门户就是首页，通常首页文件中包含有若干指向其他主要网页的超链接，可以先为网站创建一个空白首页，然后编辑，并将其命名为“index.html”，这是服务器默认的首页名称。

四、基本功能实例讲解

（一）创建静态网页

选择“文件”→“新建”选项，出现“新建文档”对话框，选定“空白页”中的“HTML”选项，单击“创建”按钮，在文档窗口创建一个空白网页。

（二）保存并命名新文档

选择“文件”→“保存”选项，出现“另存为”对话框，选定保存网页的文件夹，在“文件名”框中输入“index.html”。

（三）打开网页文件

①在起始页对话框中打开网页文件。

②在“文件”菜单中打开网页文件。

③在“文件”面板中打开网页文件：

“文件”面板与“Windows 资源管理器”一样，浏览到需要打开的网页文件，双击该网页文件名即可调入“文档”窗口。

④在“Windows 资源管理器”中打开网页文件：

Windows 资源管理器中右击网页文件名，在“打开方式”菜单中单击“Adobe Dreamweaver CC”按钮，网页文件也将调入“文档”窗口中。

（四）设置网页属性

页面属性是指网页的一般属性信息，例如网页标题、网页的背景颜色、背景图像、超链接颜色、标题编码等。“页面属性”位于“修改”菜单中，也可在属性面板找到快捷按钮。

1. 设置网页标题

网页标题是用来说明网页内容的文字，通常显示在浏览器窗口的标题栏中。每张网页都应该有一个标题，而网页标题文字最好能够恰如其分地描述网页的内容。

设置网页标题的方法：在“文档”工具栏中的“标题”文本框内直接输入网页的标题文字，也可以在“页面属性”对话框中的“标题”文本框内设置网页的标题。

2. 设置网页外观

如果需要设置网页的其他属性，可以在“页面属性”对话框进行设置，通过它可以设置页面的边距、字体、背景效果等，设置完成后单击“确定”按钮。

如果要对整个网页的字体格式和背景效果进行设置，可以通过设置“页面属性”对话框的“外观（CSS）”分类来实现。

除了通过“外观（CSS）”分类设置页面的字体和背景效果以外，还可以通过设置“页面属性”对话框的“外观（HTML）”分类来设置。“外观（CSS）”“外观（HTML）”同时可设置文本颜色、背景色或背景图像，但两者生成的网页源代码是不同的，其中 CSS 方式的优先级更高。

3. 设置超链接显示效果

通过“页面属性”对话框，还可以非常方便地设置超链接的显示效果，分别可设置字体风格、字号大小、粗细倾斜效果、超链接颜色及下划线样式。

4. 设置标题

在网页中，有六种标题样式，分别使用 HTML 的＜ h1 ＞～＜ h6 ＞标签来标记，对于这些标题，其样式可以通过“页面属性”对话框的“标题（CSS）”分类来设置。

第二节　文本编辑

一、文本的输入

在 Dreamweaver 中输入文字的方法很简单，它与在 Microsoft Word 等文字编辑软件中的输入方法很相似。在“文档”窗口中单击，出现输入提示光标后，选择输入法，即可直接输入相关文字。

在 Dreamweaver CC 中的文本删除、复制、粘贴方法与 Word 基本相似。用户必须先选中该文字，然后再对选定文本做相应的编辑处理。但它选取文字的方法除了利用鼠标拖拽和单击文字外，还可直接单击段落标签。使用这种方法，用户可以快速选取所需的文字内容。

选取文字后，可以在 Dreamweaver 的“属性”面板中单击 CSS 选项卡，对文字的格式进行设置，其中包括文字的大小、字体格式、对齐方式、字体颜色等。

（一）字体格式的设置

在“属性”面板的“字体”设置中，其默认的字体格式非常有限，且没有中文。如果用户想在网页中添加其他的字体，可以按下述方法实现：

①展开“字体”列表，单击列表项中的“管理字体”按钮。

②在弹出的“管理字体”对话框中，单击“自定义字体堆栈”选项卡，在“可用字体”列表框中选择所需要的字体，单击“＜＜”按钮添加至“选择的字体”。

③单击“完成”后，在“属性”面板中单击“字体”下拉按钮，在打开的下拉列表中就有了“宋体”的选项，可更改为文本的字体。

（二）文字颜色的设置

选取文字后，在“属性”面板中可以设置文字的颜色。设置方法如下：

方法一：单击“颜色”框，在弹出的颜色表中用取色器选取。

方法二：直接在“颜色”框后的文本框内输入颜色的数值，若为“Hex”的颜色模型，则输入十六进制的数值，如 #CCFF00。

（三）文字样式的设置

当设置文本格式时，Dreamweaver 会自动跟踪创建的样式，如字体格式、大小、颜色等。当设置完成时，在“属性”面板的“目标规则”中就会自动产生新创建的样式，其默认为“＜内联样式＞”。在以后的制作中，每创建一个新的样式，Dreamweaver 会自动将生成的 CSS 代码加入样式规则中。同时还可单击“编辑规则”按钮，为文本追加 CSS 规则，右侧“CSS 设计器”面板将自动载入。

（四）其他设置

其他设置在“属性”面板中还可对文字的对齐方式、加粗、斜体等进行设置。它的设置方法非常简单，只须选取当前文字，然后单击相关属性按钮，就可观看设置后的效果了。

注意：在实际的操作中，网页中的字体由于受到客户端机器的限制，因此网页中选用的字体非常有限。例如，假设在网页中使用了“方正舒体”的字体格式，而访问者浏览该网页，如果浏览者的计算机上没有“方正舒体”，则只能以默认字体显示，访问者所看到的网页效果就会大打折扣。为了避免这种情况的发生，网页中所使用的字体格式一般都是中文 Windows 系统自带的字体，如“宋体”。如果在网页中一定要用某种特殊的字体，那么可以考虑将该文字效果以图片的形式表现。

二、字符格式

在设计网页时经常会插入一些特殊字符，如注册商标、版权符号及商品符号等字符，具体操作方法如下：

①将光标定位在要输入特殊字符的位置。

②在“插入”面板上的“常用”选项卡中单击“字符”下拉按钮。

③在弹出的下拉菜单中，单击要输入的字符按钮。

注意：如果在“字符”下拉菜单中没有找到所需要的字符，则可单击“其他字符”按钮，在弹出的“插入其他字符”对话框中寻找。

如果所需要的目标字符在 Word 文档中，也可执行“复制”“粘贴”命令，将该字符粘贴至 Dreamweaver 中。

三、段落格式

在输入文字时，按［Enter］键，文字则另起一段。此时在 HTML 源文件中会插入段落标志符号＜ p ＞。

在输入文字时，按［Shift］+［Enter］键，文字则另起一行。此时在 HTML 源文件中会插入行标志符号＜ br ＞。

注意：在编辑窗口中直接输入的文字，按［Shift］+［Enter］键，可以手动进行换行。如果要添加空格，则必须将输入法切换至中文输入状态下的全角形式，此时按空格键，才会奏效。换行和添加空格也可在“插入”栏中的“字符”选项中单击相关按钮，实现该操作。

四、列表格式

在网页设计中，为了让网页中的文字排列更有效，更具组织性、层次性和可读性，可用列表来排列文本内容。列表的使用可以使网页中的信息一目了然地表现出来，浏览者通过列表可以快速而清楚地了解当前网页所要表达的内容。在 Dreamweaver 中，常用的列表分为两种：编号列表和项目列表。所谓编号列表，是指该列表项的内容有一定的先后顺序，而项目列表中的项目是并列的，不存在先后顺序，它们的位置可以交换。

（一）设置列表项

创建编号列表方法如下：

①在需要插入列表处单击，定位光标。

②选择“项目列表”选项。

③在出现的项目符号后，输入第一个列表项目。

④按回车键，Dreamweaver CC 会自动在下一行加上第二项列表序号，从而进行下一

条列表项内容的输入。

创建列表还可先输入各项内容，但各项之间必须是以段落来划分的。在选取各项内容后，单击“项目列表”或“编号列表”按钮即可创建列表。项目列表的创建方法和编号列表相同，只是将“属性”面板中的“编号列表”按钮或插入栏“文本”选项中的“编号列表”按钮改为“项目列表”按钮。

（二）修改列表属性

利用“属性”面板的“列表项目”按钮，可以轻松修改列表的类型和样式。修改方法如下：

①将光标定位于列表项中（注意不要选中列表项），单击“属性”面板的“列表项目”按钮。

②在弹出的“列表属性”对话框中，可对列表类型及样式进行修改。

（三）设置子列表项

①有时需要表现不同级别的列表项，这就需要创建子列表项。创建方法如下：

将光标定位在要创建的子列表项内容中，单击“属性”面板的“文本缩进”按钮。

②若要回到上级列表项中，则可以单击“属性”面板的“文本凸出”按钮。

五、网页中的文字排版

在网页设计工作中，大家总习惯将重点放在图片和布局上。但实际上，文字是网页信息传播的重要组成部分，思考如何让文字更易于阅读，是与图片、布局处理同等甚至更为重要的问题。

（一）文字内容区域

在书籍编排过程中，设定页面四周的余白来安排页面的排版。页边空白的大小不同，排版效果给读者带来的印象也会发生变化，因此需要适当地进行处理。显然纸质书籍的版面设定理论，并不适合于显示在数字硬件设备上。因此需要根据不同的媒体特点来进行处理。

（二）字号、字体、行距

字号大小可以用不同的方式来计算，例如磅（point）或像素（pixel）。因为以计算机的像素技术为基础的单位需要在打印时转换为磅，所以，建议采用磅为单位。

最适合于网页正文显示的字体大小为 12 磅左右，现在很多的综合性站点，由于在一个页面中需要安排的内容较多，通常采用 9 磅的字号。较大的字体可用于标题或其他需要强调的地方，小一些的字体可以用于页脚和辅助信息。需要注意的是，小字号容易产生整体感和精致感，但可读性较差。

网页设计者可以用字体来更充分地体现设计中要表达的情感。字体选择是一种感性、直观的行为。但是，无论选择什么字体，都要依据网页的总体设想和浏览者的需要来确定。

粗体字强壮有力，有男性特点，适合机械、建筑业等内容；细体字高雅细致，有女性特点，更适合服装、化妆品、食品等行业的内容。在同一页面中，字体种类少，版面雅致，有稳定感；字体种类多，则版面活跃，丰富多彩。关键是如何根据页面内容来掌握这个比例关系。

从加强平台无关性的角度来考虑，正文内容最好采用缺省字体。因为浏览器是用本地机器上的字库显示页面内容的。作为网页设计者必须考虑到大多数浏览者的机器里只装有三种字体类型及一些相应的特定字体。而你指定的字体在浏览者的机器里并不一定能够找到，这给网页设计带来很大的局限。解决问题的办法是：在确有必要使用特殊字体的地方，可以将文字制成图像，然后插入页面中。

排版中重要的一条，是把应该对齐的部分对齐，如每一个段落的字行对齐，就是把行的位置进行对齐使其一致的方法。行头对齐是所有行均在行头对齐的方法，虽说这种用法使得行尾不齐整，但方便文章的停顿部分换行，适用于散文、诗歌等表现韵味的文字版式。但是，编排长篇文章时，选择左右对齐更能体现条理性。由于换行的位置都相同，阅读行头或换行的时候视线能够平缓流畅地移动。

行距的变化也会对文本的可读性产生很大影响。一般情况下，接近字体尺寸的行距设置比较适合正文。行距的常规比例为 10 ∶ 12，即用字 10 点，则行距 12 点。这主要是出于以下考虑：适当的行距会形成一条明显的水平空白带，以引导浏览者的目光，而行距过宽会使一行文字失去较好的延续性。

除了对于可读性的影响，行距本身也是具有很强表现力的设计语言，为了加强版式的装饰效果，可以有意识地加宽或缩窄行距，体现独特的审美意趣。例如，加宽行距可以体现轻松、舒展的情绪，应用于娱乐性、抒情性的内容恰如其分。另外，通过精心安排，使宽、窄行距并存，可增强版面的空间层次与弹性，表现出独到的匠心。

行距可以用行高（line-height）属性来设置，建议以磅或默认行高的百分数为单位。

（三）文字的整体编排

页面里的正文部分是由许多单个文字经过编排组成的群体，要充分发挥这个群体形状在版面整体布局中的作用。从艺术的角度可以将字体本身看成是一种艺术形式，它在个性和情感方面对人们有着很大影响。在网页设计中，字体的处理与颜色、版式、图形等其他设计元素的处理一样非常关键。从某种意义上来讲，所有的设计元素都可以理解为图形。

1. 文字的图形化

字体具有两个方面的作用：一是实现字意与语义的功能；二是美学效应。所谓文字的图形化，既强调它的美学效应，把记号性的文字作为图形元素来表现，同时又强化了原有的功能。作为网页设计者，既可以按照常规的方式来设置字体，也可以对字体进行艺术化的设计。无论怎样，一切都应围绕如何更出色地实现自己的设计目标。

将文字图形化、意象化，以更富创意的形式表达出深层的设计思想，能够克服网页的单调与平淡，从而打动人心。

2. 文字的叠置

文字与图像之间或文字与文字之间在经过叠置后，能够产生空间感、跳跃感、透明感、杂音感和叙事感，从而成为页面中活跃的、令人注目的元素。虽然叠置手法影响了文字的可读性，但是能造成页面独特的视觉效果。这种不追求易读，而刻意追求“杂音”的表现手法，体现了一种艺术思潮。因而，它不仅大量运用于传统的版式设计，在网页设计中也被广泛采用。

3. 标题与正文

在进行标题与正文的编排时，可先考虑将正文做双栏、三栏或四栏的编排，再进行标题的置入。将正文分栏，是为了求取页面的空间与弹性，避免通栏的呆板以及标题插入方式的单一性。标题虽是整段或整篇文章的标题，但不一定千篇一律地置于段首之上。可做居中、横向、竖向或边置等编排处理，甚至可以直接插入字群中，以新颖的版式来打破旧有的规律。

4. 文字编排的四种基本形式

两端均齐：文字从左端到右端的长度均齐，字群形成方方正正的面，显得端正、严谨、美观。

居中排列：在字距相等的情况下，以页面中心为轴线排列，这种编排方式使文字更加突出，产生对称的形式美感。

左对齐或右对齐：左对齐或右对齐使行首或行尾自然形成一条清晰的垂直线，很容易与图形配合。这种编排方式有松有紧、有虚有实，跳动而飘逸，产生节奏与韵律的形式美感。左对齐符合人们阅读时的习惯，显得自然；右对齐因不太符合阅读习惯而较少采用，但显得新颖。

绕图排列：将文字绕图形边缘排列。如果将退底图插入文字中，会令人感到融洽、自然。

（四）文字的强调

1. 行首的强调

将正文的第一个字或字母放大并做装饰性处理，嵌入段落的开头，这在传统媒体版式设计中被称为“下坠式”。此技巧的发明源于欧洲中世纪的文稿抄写员。由于它有吸引视线、装饰和活跃版面的作用，所以被应用于网页的文字编排中。其下坠幅度应跨越一个完整字行的上下幅度。至于放大多少，则依据所处网页环境而定。

2. 引文的强调

在进行网页文字编排时，常常会碰到提纲挈领性的文字，即引文（也称为眉头）。引文概括一个段落、一个章节或全文大意，因此，在编排上应给予特殊的页面位置和空间来强调。引文的编排方式多种多样，如将引文嵌入正文的左右侧、上方、下方或中心位置等，并且可以在字体或字号上与正文相区别而产生变化。

3. 个别文字的强调

如果将个别文字作为页面的诉求重点，则可以通过加粗、加框、加下划线、加指示性符号、倾斜字体等手段有意识地强化文字的视觉效果，使其在页面整体中显得出众而夺目。另外，改变某些文字的颜色，也可以使这部分文字得到强调。这些方法实际上都是运用了对比的法则。

（五）文字的颜色

在网页设计中，设计者可以为文字、文字链接、已访问链接和当前活动链接选用各种颜色。例如，如果你使用 Frontpage 编辑器，默认的设置是这样的：正常字体颜色为黑色，默认的链接颜色为蓝色，鼠标点击之后又变为紫红色。使用不同颜色的文字可以使想要强调的部分更加引人注目，但应该注意的是，对于文字的颜色，只可少量运用，如果什么都想强调，其实是什么都没有强调。况且，在一个页面上运用过多的颜色，会影响浏览者阅读页面内容，除非你有特殊的设计目的。

颜色的运用除了能够起到强调整体文字中特殊部分的作用之外，对于整个文案的情感表达也会产生影响。这涉及色彩的情感象征性问题，限于篇幅，在这里不做深入探讨。

另外需要注意的是文字颜色的对比度，它包括明度上的对比、纯度上的对比以及冷暖的对比。这些不仅对文字的可读性发生作用，更重要的是，你可以通过对颜色的运用实现想要的设计效果、设计情感和设计思想。

第三节　超链接的运用

超链接是组成网站的基本元素，是它将千千万万个网页组织成一个个网站，又是它将千千万万个网站组织成了风靡全球的 WWW，因此可以说超链接就是 Web 的灵魂。本节首先介绍超链接的基本概念，然后介绍如何创建和管理网页中的超链接。

一、超链接的基本定义

网页中的超链接就是以文字或图像作为链接对象，然后指定一个要跳转的网页地址，当浏览者单击文字或其他对象时，浏览器跳转到指定的目标网页。

（一）什么是 URL

超链接利用统一资源定位器（universal resource locator，URL）定位 Web 上的资源。一个 URL 通常包括三个部分：一个协议代码，一个装有所需文件的计算机地址（或一个电子邮件地址等），以及具体的文件地址和文件名。

协议表明应使用何种方法获得所需的信息，最常用的协议包括：超文本传输协议（hyper text transfer protocol，HTTP）、文件传输协议（file transfer protocol，FTP）、电子邮件协议（mailto）、Usenet 新闻组协议（news）、远程登录协议（telnet）等。

Web 上的计算机实际上是通过数字 IP 地址相连的，而不是通过名称。DNS 名称是一个分层结构。层和层之间以句点分隔，最高层位于域名的最右边。DNS 名称不区分大小写，但通常以小写形式显示。

任何作为站点的一部分创建的文件夹和文件将成为站点服务器计算机中的文件夹和文件。根据运行在站点服务器中的操作系统的不同，可能会产生某些方面的差异。Unix/Linux 文件系统区分大小写，因此如果实际文件名为 index.html，那么要求传送文件 Index.html 会导致操作失败。Windows 文件系统不区分大小写，因此同样的请求在基于 Windows 的站点服务器中可以正确执行。

（二）绝对 URL

文档路径分为三种类型：绝对路径，根目录相对的路径，文档相对的路径。

绝对 URL 是指 Internet 上资源的完整地址，包括完整的协议种类、计算机域名（所谓域名是指一个能够反映出 Web 服务器实际位置的化名）和包含路径的文档名，其包含的是精确地址，创建对当前站点以外文件的链接时必须使用绝对路径。其形式为：协议：//计算机域名 / 文档名。

（三）相对 URL

和根目录相对的路径是从当前站点的根目录开始的。站点上的所有可公开的文件都存放在站点的根目录下，使用斜杠作为其开始。例如，/dreamweaver/intro.html 将链接到站点根目录下 dreamweaver 文件夹中的 intro.html 文件。

和文档相对的路径是指和当前文档所在的文件夹相对的路径。相对 URL 是指 Internet 上相对于当前页面（即正在访问的页面）的地址，它包含从当前页面指向目的页面位置的路径。例如，public/example.html 就是一个相对 URL，它表示当前页面所在目录下 public 子目录中的 example.html 文档。

当使用相对 URL 时，可以使用与 DOS 文件目录类似的两个特殊符号句点（.）和双重句点（..），分别表示当前目录和上一级目录（父目录）。

例如，filel.html 指定的就是当前文件夹内的文档；../filel.html 指定的则是当前文件夹上级目录中的文档；htmldocs/filel.html 则指定了当前文件夹下 htmldocs 文件夹中的文档。

提示：在创建和文档相对的路径之前一定要保存新文件，因为在没有定义起始点的情况下，和文档相对的路径是无效的。在文档被保存之前，Dreamweaver CC 会自动使用以 file：// 开头的绝对路径。

（四）超链接的分类

根据超链接目标文件的不同，超链接可分为页面超链接、锚点超链接、电子邮件超链接等；根据超链接单击对象的不同，超链接可分为文字超链接、图像超链接、图像映射等。

二、在 Dreamweaver CC 中设置超链接

（一）页面超链接

页面超链接就是指向其他网页文件的超链接，浏览者单击该超链接时将跳转到对应的网页，最为常见。常见的设置超级链接的方法是：选取所需文本或图像，然后单击属性面板上的“链接”域，在其中输入 URL 地址或单击“浏览文件”按钮选取所需文件即可。如果超链接的目标文件位于同一站点，通常采用相对 URL；如果超链接的目标文件位于其他位置（如 Internet 上的其他网站），则需要指定绝对 URL。

在“目标”下拉菜单中可以设置四个保留的超级链接目标，其意义分别为：

_blank：将文件载入新的无标题浏览器窗口中。

_parent：将文件载入上级框架集或包含该链接的框架窗口中。

_self：将文件载入相同框架或窗口中。

-top：将文件载入整个浏览器窗口中，将取消所有框架。

（二）电子邮件超链接

所谓电子邮件超链接就是指当浏览者单击该超链接时，系统会启动客户端电子邮件程序（如 Outlook Express）并打开“新邮件”窗口，使访问者能方便地撰写电子邮件。

在文档窗口中要插入锚点的区域定位光标，单击“插入”面板中“常用”选项卡的“电子邮件链接”按钮，在弹出的对话框中输入超链接文字及邮件地址。

若要在图片上附加电子邮件链接，也可选中该对象，然后在属性面板的“链接”栏中输入“mailto：电子邮件地址”。在 mailto：后面不要添加空格。例如，mailto：zhangsan@hotmail.com 按回车键确定。对于 mailto 协议，应在协议后放置一个冒号，然后跟 E-mail 地址；而对于常用的 http 和 ftp 等协议，则是在冒号后加两个斜杠，斜杠之后则是相关信息的主机地址。例如，mailto：somebody@263.net、http：//www.

microsoft.com、ftp：//ftp.go.163.com。

当点击电子邮件超链接后，会自动启动系统自带的邮件客户端，并生成一封新邮件。

（三）其他方式链接

在 Dreamweaver 中除了上述内容所讲到的链接方式外，还有空链接、锚点链接、热点链接和脚本链接，这几种链接方式不再是实现简单意义上网页间的跳转，而是赋予了链接更多的含义。

空链接：链接地址栏为“”，不会跳转到任何位置，对于附加 Dreamweaver 行为有特殊用处。

锚点链接：可跳转到页面的特定位置。使用锚点链接，需要在代码视图中，使用超链接标签＜ a ＞的 name 属性添加一个跳转位置，再通过插入超链接的方法将超链接目标指向该跳转位置。

热点链接：把一幅图片划分为不同的热点区域，然后分别为每一个区域插入超链接。

脚本链接：用来执行 JavaScript 代码或调用 JavaScript 函数，对于执行计算、验证表单或处理其他一些任务非常有用。

例如，在属性面板的“链接”框中键入“javascript：”后接 JavaScript 代码或函数调用。即在“链接”域中键入 javascript：alert（‘欢迎光临’）。保存网页后预览，会在单击超链接后出现弹出框，提示文字为“欢迎光临”。

提示：因为 JavaScript 代码出现在双引号之间，因此，在脚本代码中必须使用单引号或在双引号之前加斜杠。例如，\“欢迎光临”\。

三、超链接的颜色

在“页面属性”对话框的“链接 CSS”项中可以对链接的文字进行字体格式的设置，同时还可以对文字不同链接状态设置不同的颜色。链接颜色用于设置未访问过的超链接文字颜色，变换图像链接用于设置鼠标经过该超链接时文字的颜色，已访问链接用于设置文档中已经访问过的超级链接的文字颜色，活动链接用于设置文档页面中正在访问的超级链接的文字颜色。在 Dreamweaver CC 版中还特别加入了“下划线样式”项。

第三章　HTML 语言、CSS 技术与脚本语言 JavaScript

第一节　认识 HTML

在 Dreamweaver 可视化环境中，制作网页的各种操作都会自动生成 HTML 语言代码。网页是由 HTML 语言编写的文本文件。

HTML 是一种结构化描述语言，格式非常简单，由文字及标签组合而成。其书写规则如下：任何标签皆由“”“”和文字组成，如< P >为段落标签；某些起始标签可以加参数，如< font size =“12”> Hello < /font >表示字体大小为 12。大部分标签既有起始标签，又有终结标签。终结标签是在起始标签之前加上符号“/”，如< /font >。标签字母大小写均可。

HTML 是一种超文本置标语言。HTML 文件是被网络浏览器读取并产生网页的文件。HTML 标签（也称标记）规范了 Web 文档的逻辑结构，并控制着文档的显示格式。在进行一般的 Web 页面制作时，有些标签使用率较高，本节将分别对这些标签进行讲解。

一、常见的 HTML 标记

HTML 是一种超文本标志语言。HTML 文件是被网络浏览器读取并产生网页的文件。常用的 HTML 标签有以下几种：

（一）文件结构标签

文件结构标签包括 html、head、title、body 等。

网页文档都位于< html >和< /html >之间。< head >至< /head >称为文档头部分，头部分用于存放重要信息。< title >只出现在头部分，标示了网页标题。

< body >至< /body >称为文档体部分，大部分标签均在本部分使用，而且< body >中可设定具体参数。

（二）排版标签

在网页中有四种段落对齐方式，即左对齐、右对齐、居中对齐和两端对齐。在 HTML 语言中，可以使用 ALIGN 属性来设置段落的对齐方式。

ALIGN 属性可以应用于多种标签，例如分段标签＜ p ＞、标题标签＜ hn ＞以及水平线标签＜ hr ＞等。ALIGN 属性的取值可以是 left（左对齐）、center（居中对齐）、right（右对齐）以及 justify（两边对齐）。两边对齐是指将一行中的文本在排满的情况下向左右两个页边对齐，以避免在左右页边出现锯齿状。

对于不同的标签，ALIGN 属性的默认值有所不同。对于分段标签和各个标题标签，ALIGN 属性的默认值为 left；对于水平线标签＜ hr ＞，ALIGN 属性的默认值为 center。若要将文档中的多个段落设置成相同的对齐方式，可将这些段落置于＜ div ＞和＜ /div ＞标签之间组成一个节，并使用 ALIGN 属性来设置该节的对齐方式。如果要将部分文档内容设置为居中对齐，也可以将这部分内容置于＜ center ＞和＜ /center ＞标签之间。

（三）列表标签

列表分为无序列表和有序列表两种。＜ li ＞标签标志无序列表，项目符号＜ ol ＞标签标志有序列表，如标号。

（四）表格标签

表格标签包括表格标签＜ table ＞、标题标签＜ caption ＞、行标签＜ tr ＞、列标签＜ td ＞和字段名标签＜ th ＞等。标签＜ td ＞位于标签＜ tr ＞中，标签＜ tr ＞位于标签＜ table ＞中。

（五）框架标签

框架网页将浏览器上的视窗分成不同区域，在每个区域中都可以独立显示一个网页。框架网页通过一个或多个＜ frameset ＞和＜ frame ＞标签来定义。框架集包含如何组织各个框架的信息，可以通过＜ frameset ＞标签来定义。框架集＜ frameset ＞标签被置于＜ head ＞之后，以取代＜ body ＞的位置，还可以使用＜ noframes ＞标签给出框架不能被显示时的替换内容。框架集＜ frameset ＞标签中包含多个＜ frame ＞标签，用以设置框架的属性。

（六）图形标签

图形的标签为＜ img ＞，其常用参数是＜ src ＞和＜ alt ＞属性，用于设置图像的位置和替换文本。SRC 属性给出图像文件的 URL 地址，图像可以是 JPEG 文件、GIF 文件或 PNG 文件。ALT 属性给出图像的简单文本说明，这段文本在浏览器不能显示图像时显示出来，或图像加载时间过长时先显示出来。

＜ img ＞标签不仅用于在网页中插入图像，还用于播放 Video for Windows 的多媒体文件（*.avi）。若要在网页中播放多媒体文件，应在＜ img ＞标签中设置 dynsrc、start、loop、Controls 和 loopdelay 属性。

（七）链接标签

链接标签为＜ a ＞，其常用参数有：href 标志目标端点的 URL 地址；target 显示链接文件的一个窗口或框架；title 显示链接文件的标题文字。

（八）表单标签

表单标签用于实现浏览器和服务器之间的信息传递，常用标签包括＜ form ＞、＜ label ＞、＜ input ＞和＜ select ＞等。标签＜ form ＞用于建立与服务器进行交互的表单区域；标签＜ label ＞用于形成标签区域，标签＜ input ＞位于其中；标签＜ select ＞用于建立列表菜单和跳转菜单等。

（九）滚动标签

滚动标签是＜ marquee ＞，会将其文字和图像进行滚动，形成滚动字幕的页面效果。

（十）载入网页的背景音乐标签

载入网页的背景音乐标签是＜ bgsound ＞，它可设定页面载入时的背景音乐。

二、实现 HTML 的链接

在 HTML 或 XHTML 中使用＜ a ＞标签创建超链接。超链接可以是长短不一的句子，也可以是一幅图像。当浏览者把鼠标指针移动到网页中的某个超链接上时，鼠标指针会变成“手”，当单击该超链接时会跳转到其他页面或打开指定的程序。

超链接标签示例步骤如下：

第一，打开“记事本”程序，输入如图 3-1 所示的代码，并另存为网页文档。

第二，打开浏览器预览刚才制作的网页文档，其效果如图 3-2 所示。

本例包含外部链接（单击后链接到其他网站）、本页面链接（单击后还是当前页面）以及邮件链接（单击后打开 Outlook 软件）三种类型的链接，而且＜ a ＞标签内均包含 href 属性，该属性的作用是创建指向另一个文档的链接。需要特别注意的是，当创建的链接是本站点外的链接时，必须包含“http://”。

三、HTML 链接拓展

在 HTML 和 XHTML 中，图像由＜ img ＞标签定义。该标签是空标签，即它只包含属性，没有闭合标签。具体要求如下：

```
<! DOCTYPE HTML PUBLIC" - //W3C//DTD HTML 4.01 Transitional //EN"
"http.//www.w3.org/TR/html4/loose.dtd">
<html>
<head>
<meta http-equiv="Content-type" content="text/html;charset=urf-8">
<title>超链接标签示例</title>
</head>
<body>
<h3>以下是常见的超链接类型</h3>
<p><a href=http://www.verycd.com>这里是指向外的部超链接文本</a></p>
<p><a href="#">这里是指向本页面的超链接文本</a></p>
<p><a href="mailto:10108912@ qq.com">这里是邮件超链接文本</a></p>
</body>
</html>
```

图 3–1 输入代码

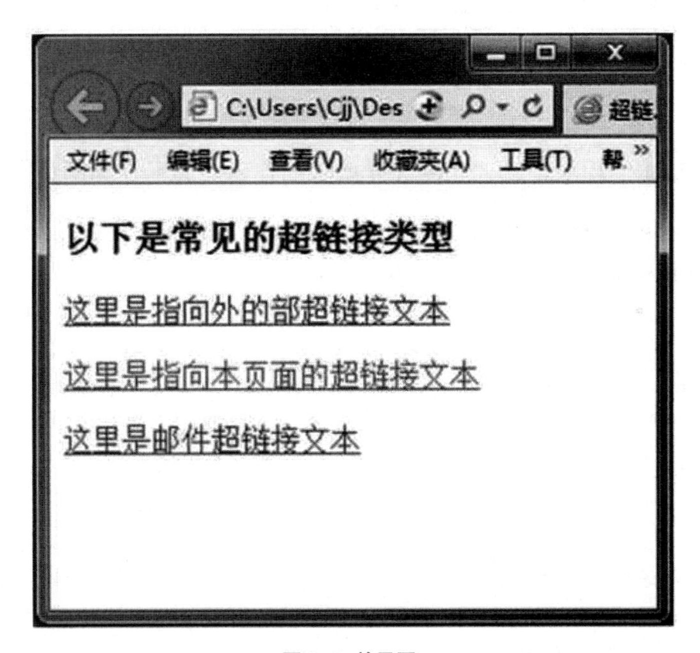

图 3–2 效果图

本例中不仅使用< img >标签插入一幅图像，而且还将另一幅图像置于< a >标签中，形成了图像超链接。从页面代码中可以看出，要在页面中显示图像，需要使用“src”（源属性），该属性的值就是图像的 URL 地址。

具体操作步骤如下：

第一，打开“记事本”程序，输入如图 3-3 所示的代码，并另存为网页文档。

```
<! DOCTYPE HTML PUBLIC" - //W3C//DTD HTML 4.01 Transitional//EN"
"http.//www.w3.org/TR/html4/loose.dtd">
<html>
<head>
<meta http-equiv="Content-type" content="text/html;charset=urf-8">
<title>图像标签示例</title>
</head>

<body>
<h3>图像超链接标签示例</h3>
<p><img src="P_1.png" width="128" height="128"></p>
<p><a href="#"><img src="P_2.png" width="128"  height="128" border="0">
</a></p>
</body>
</html>
```

图 3–3 输入代码

第二，打开浏览器预览刚才制作的网页文档。

1. 创建一个无序列表标签链接

要求如下：

①打开“记事本”程序，输入如图 3-4 所示的代码，并另存为网页文档。

```
<! DOCTYPE HTML PUBLIC" - //W3C//DTD HTML 4.01 Transitional//EN"
"http.//www.w3.org/TR/html4/loose.dtd">
<html>
<head>
<meta http-equiv="Content-type" content="text/html;charset=urf-8">
<title>无序列表标签示例</title>
</head>

<body>
<h3>无序列表标签示例</h3>
<ul>
  <li><a href="#">个人简介</a></li>
  <li><a href="#">个人荣誉</a></li>
  <li><a href="#">个人教育经历</a></li>
</ul>
</body>
</html>
```

图 3–4 输入代码

②打开浏览器预览刚才制作的网页文档，其效果如图 3-5 所示。

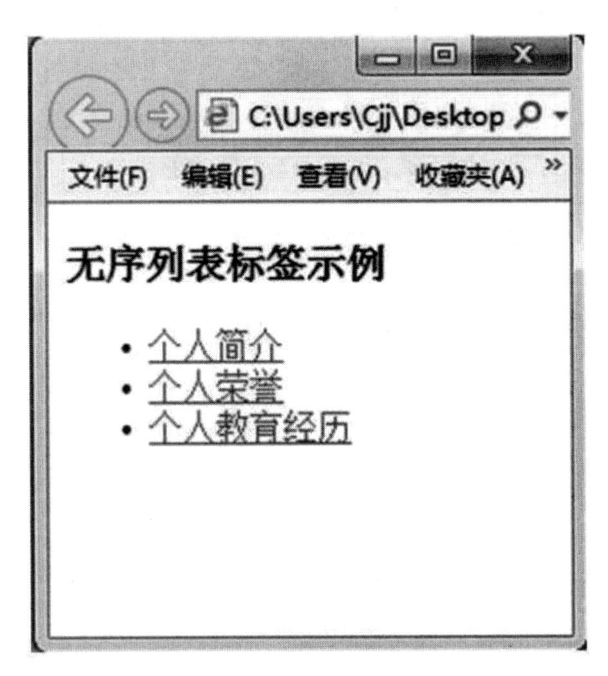

图 3-5 效果图

2. 创建一个有序列表标签链接

要求如下：

①打开“记事本”程序，输入如图 3-6 所示的代码，并另存为网页文档。

```
<! DOCTYPE HTML PUBLIC" -//W3C//DTD HTML 4.01
Transitional//EN"
"http.//www.w3.org/TR/html4/loose.dtd">
<html>
<head>
<meta http-equiv="Content-type" content="text/html;charset=urf-8">
<title>有序列表标签示例</title>
</head>

<body>
<h3>有序列表标签示例</h3>
<ol>
  <li><a href="#">星期一</a></li>
  <li><a href="#">星期二</a></li>
  <li><a href="#">星期三</a></li>
</ol>
</body>
</html>
```

图 3-6 输入代码

②打开浏览器预览刚才制作的网页文档，其效果如图 3-7 所示。

图 3-7 效果图

3. 制作 HTML 中会移动的文字

要求如下：

①打开“记事本”程序，输入如图 3-8 所示的代码，并另存为网页文档。

```
<! DOCTYPE HTML PUBLIC" -// W3C// DTD HTML 4.01 Transitional //EN"

"http.//www.w3.org/TR/html4/loose.dtd">
<html>
<head>
<meta http-equiv="Content-type" content="text/html;charset=urf-8">
<title>移动的文字</title>
</head>

<body>
<strong>
  <marquee direction="left" behavior="scroll">
  <font color="#FFFF00">欢迎光临! </font>
  </marquee>
</strong></p>
</body>
</html>
```

图 3-8 输入代码

②打开浏览器预览刚才制作的网页文档，即可看到网页上有“欢迎光临！”四个字从右往左循环移动，其效果如图 3-9 所示。

图 3-9 效果图

四、HTML 语言的应用

（一）基础知识

1. 创建 HTML 中的表格

表格由一行或多行单元格组成，主要用于显示数字和其他项，以便快速引用和分析。在 HTML 中表格由 table 元素以及一个或多个 tr、th 或 td 元素组成，可以将任何东西（如图像、表单，甚至另一个表格）放进表格内。由于涉及表格的元素较多，为了能清楚地讲解各种元素的含义，这里先给出一个示例（表格标签），过程如下：

①打开“记事本”程序，输入如图 3-10 所示的代码，并另存为网页文档。

从页面代码中，可以看到＜ table ＞标签包含了多个属性。

第一，border 属性。

border 属性为＜ table ＞标签的可选属性，其作用是告诉浏览器在表格、表格里的行和单元格的周围画线，默认情况下是没有边框的。本例中为 border 属性指定了一个值，这个整数值就是环绕在表格外 3D 镶边的像素宽度。

第二，cellspacing 属性。

cellspacing 属性用于控制表格中相邻单元格的间距，以及单元格外边沿和表格边沿之间的间距。

第三，cellpadding 属性。

cellpadding 属性用于控制单元格的边沿和它内容之间的距离，默认值为一个像素。

```
<! DOCTYPE HTML PUBLIC" - //W3C//DTD HTML 4.01 Transitional//EN"
"http.//www.w3.org/TR/html4/loose.dtd">
<html>
<head>
<meta http - equiv ="Content - type" content ="text/html;
charset = utf - 8">
<title>表格标签示例</title>
</head>

<body>
<table width ="100% " border ="3" cellspacing ="1" cellpadding ="2">
  <caption>
  常用操作系统下载
  </caption>
  <tr>
    <th scope ="col">序号</th>
    <th scope ="col">版本</th>
    <th scope ="col">下载</th>
  </tr>
  <tr>
<th scope ="row">1</th>
    <td>Windows XP</td>
    <td> <a href ="#"> <img src ="download.png" width ="32" height ="32"
border ="0"> </a> </td>
  </tr>
  <tr>
    <th scope ="row">2</th>
    <td>Windows Vista</td>
    <td> <a href ="#"> <img src ="download.png" width ="32" height ="32"
border ="0"> </a> </td>
  </tr>
  <tr>

     <th scope ="row">3</th>
     <td>Windows 7</td>
     <td> <a href ="#"> <img src ="download.png" width ="32" height ="32"
border ="0"> </a> </td>
    </tr>
  </table>
  </body>
  </html>
```

图 3-10 输入代码

②打开浏览器预览刚才制作的网页文档，其效果如图 3-11 所示。

图 3-11 效果图

第四，scope 属性。

scope 属性可以将数据单元格与表头单元格联系起来，属性值“row”会将表头行包括的所有表格都和表头单元格联系起来，属性值“col”会将当前列的所有单元格和表头单元格绑定起来。

2. 创建 HTML 中的表单

表单让 HTML 和 XHTML 真正具有了交互性，使用表单可以创建用来获取和处理用户输入数据的文档，同时还可以生成个性化的回应。特别是在电子商务网站应用方面，表单更是非常有用。

表单是由一个或多个输入文本框、按钮、复选框、下拉菜单或图像映射组成的。这些元素都放置在< form >标签中。一个文档中可以包含多个表单，而且表单中可以放置包括文字和图像在内的主体内容。

具体操作步骤如下：

①打开“记事本”程序，输入代码，并另存为网页文档。

②打开浏览器预览刚才制作的网页文档。

第二节 CSS 技术

层叠样式表（Cascading Style Sheet，CSS），是一种用来修饰网页的计算机语言，将网页效果脱离内容单独设计，可以实现对网页中元素更精准地控制，大大优化了传统网页使用 HTML 标签和属性设计造成的局限性。

一、CSS 优势

CSS 的出现使网页开发人员的工作变得容易且丰富，也为 Web 开发的进一步发展奠定了重要基础，其主要优势有以下几点：

（一）提高了页面的表现力

CSS 提供了丰富的样式属性，使网页的效果更加多样化、设计更加细致。如字体加粗效果可以使用＜ 1） ＞标记实现，但只能实现一种粗度，而 CSS 中可使用 font-weight 实现多种加粗效果。

（二）表现和内容相分离

CSS 将样式定义从 HTML 元素标记中抽离出来，实现表现和内容在结构上的分离，使代码结构更加简明条理，也便于后期维护。

（三）便于网站风格的统一

一个网站的多个页面一般具有相同风格，许多元素需要进行相同属性的设置，使用 CSS 可以将样式设置单独保存为一个文件，可实现项目中全部网页的共享，无须再定义。另外，修改时只须修改 CSS 文档即可，相关网页可实现自动更新。

二、CSS 样式

（一）CSS 中的单位

网页设计中经常会遇到长度、宽度、高度等单位，明确应该使用的单位非常重要，CSS 中有绝对单位和相对单位两种表示方式。

1. 绝对单位

常用的有厘米、毫米、英寸、点、皮卡等，不会由于显示设备不同而有所改变，与现实中尺寸相同，使用绝对单位设计的网页可以被浏览器支持，但较少使用。

2. 相对单位

大小不固定，会由于显示设备分辨率、浏览器不同而显示不同，常用的单位有 em、

ex、px、%等。

（二）字体样式（表3–1）

表3–1 字体样式

属性	取值	说明
font-size	数值（可用绝对值或相对值）	设置字体字号
font-weight	normal/bold/bolder/lighter/100—900	设置字体加粗
font-style	normal/italic/oblique	设置字体样式（斜体效果）
font-family	字体名称	设置字体
font-variant	normal/small-caps	设置小型的大写字母

说明：

①如果同时设置多个字体样式，可使用font设置复合属性，格式为font：font-style font-weight font-variant font-size/line-height font-family。前三个属性值不分先后，可省略，大小和字体名称必须先行设置，先设置大小，再设置字体，需要设置行高时，写在字体大小后边，用分隔。

② Font属性可以继承。

（三）文本样式（表3–2）

表3–2 文本样式

属性	取值	说明
letter-spacing	normal/长度单位	设置字符间距
line-height	normal/length	设置行高
text-indent	长度单位/百分比单位	设置首行缩进
text-decoration	none/underline/over line/line-through	设置字符装饰
text-transform	capitalize/uppercase/lowercase/none	设置英文大小写
text-aligh	left/right/center/justify	设置水平对齐效果

（四）颜色与背景样式（表3–3）

表3–3 颜色与背景设置

属性	取值	说明
color	颜色英文名称/rgb（）函数/十六进制	设置字体颜色
background-color	颜色英文名称/rgb（）函数/十六进制	设置元素背景颜色

续表：

属性	取值	说明
background-image	图片路径	设置背景图片
background-repeat	repeat/no-repeat/repeat-x/repeat-y	设置背景图片重复
background-position	绝对位置 /相对位置	设置背景图片位置
background-attachment	scroll/fixed	设置背景图片的滚动效果

说明：

①颜色设置有多种取值方式，可以使用颜色英文名称、rgb（r%、g%、b%）、rgb（r、g、b）、十六进制数等，如红色可以分别表示为red、rgb（255，0，0）、#FF0000。

②背景的设置可使用background复合属性设置，格式为background：background-color background-image background-repeat background-position background-attachment。各属性值设置不分先后顺序，可省略。

（五）列表样式（表3–4）

表3–4 列表样式

属性	取值	说明
list-style-type	disc/circle/square/decimal/lower-roman/upper-ro-man/lower-alpha/upper-alpha/none	设置列表类型
list-style-image	图片路径	设置列表符号为图片
list-style-position	outside/inside	设置符号缩进

说明：

列表样式设置可使用list-style复合属性，格式为list：list-style-type list-style-image list-style-posilion。各属性值设置不分先后顺序。

（六）盒子模型

每个元素都可看作是长方形的盒子，从而产生了盒子模型。每个盒子都有margin、padding、bonier三个属性，用来设置元素的外边距、内边距和边框效果。如表3-5所示。

表3–5 盒子模型

属性	取值	说明
Margin-（top/right/bottom/left)	长度单位 /百分比单位 /auto	设置外边距
Padding-（top/right/bottom/left)	长度单位 /百分比单位	设置内边界

续表：

属性	取值	说明
border-（top/right/bottom/left）-style	None/hidden/dotted/dashed/solid/double/groove/ridge/inset/outset	设置边框样式
border-（top/right/bottom/left）-width	长度值/thin/thick/length	设置边框宽度
Border-（top/right/left）-color	颜色英文名称/rgb（）函数/十六进制	设置边框颜色

说明：

①边框可使用复合属性设置，格式为 border：border-style border-width border-color。各属性值设置不分先后顺序。

② Margin、padding、border 属性设置可以为 1 个、2 个、3 个和 4 个值。设置 1 个值，则四个边界值相同；设置 2 个值，分别表示上下、左右边界；设置 3 个值，分别表示上、左右、下边界；设置 4 个值，分别表示上、右、下、左边界。

（七）CSS 语法结构

CSS 包含一个或多个规则的文本文件，它由两部分构成：选择器和声明。选择器用来表示样式应用的元素有哪些，声明用来设置指定元素的具体样式，包含属性名称和属性值。

语法结构如下：

选择器 {属性：属性值；属性：属性值；…}

说明：

①选择器可以是网页中插入的标记名称和属性值，也可以是自定义的标识符。

②属性和属性值必须成对出现，一一对应，表述要规范，多个属性值对要用“；”隔开。

③在 CSS 中添加可添加注释，以“/*”开始，“*/”结束。

三、CSS 选择器

（一）标记选择器

标记选择器是直接使用网页中 HTML 标记名称作为选择器，定义的样式将被应用在网页中全部与选择器名称相同的标记中，如 p、table、h# 等。

（二）类选择器和 ID 选择器

在页面元素中添加 class 属性和 ID 属性，可以将其作为选择器使用，这种方式可以标识页面中任何合法 HTML 标记。

第三节　脚本语言 JavaScript

JavaScript 是由 Netscape 公司开发并随 Navigator 导航者一起发布的、基于对象和事件驱动的编程语言。因为它的开发环境简单，不需要 Java 编译器，而是直接运行在 Web 浏览器中，所以备受 Web 设计者的喜爱。

一、JavaScript 简介

JavaScript 是一种基于对象和事件驱动并具有相对安全性的客户端脚本语言，主要用于创建具有交互性较强的动态页面，它具有以下特点：

①基于对象：JavaScript 是基于对象的脚本编程语言，能通过 DOM（文档结构模型）及自身提供的对象及操作方法来实现所需的功能。

②事件驱动：JavaScript 采用事件驱动方式，能响应键盘事件、鼠标事件及浏览器窗口事件等，并执行指定的操作。

③解释性语言：JavaScript 是一种解释性脚本语言，无须专门编译器编译，而是在嵌入 JavaScript 脚本的 HTML 文档载入时被浏览器逐行地解释，大量节省客户端与服务器端进行数据交互的时间。

④实时性：JavaScript 事件处理是实时的，无须经服务器就可以直接对客户端的事件做出响应，并用处理结果实时更新目标页面。

⑤动态性：JavaScript 提供简单高效的语言流程，灵活处理对象的各种方法和属性，同时及时响应文档页面事件，实现页面的交互性和动态性。

⑥跨平台：JavaScript 脚本的正确运行依赖于浏览器，而与具体的操作系统无关。只要客户端装有支持 JavaScript 脚本的浏览器，JavaScript 脚本运行结果就能正确反映在客户端浏览器平台上。

⑦开发使用简单：JavaScript 基本结构类似 C 语言，采用小程序段的方式编程，可以嵌入HTML 文档中供浏览器解释执行。同时 JavaScript 的变量类型是弱类型，使用不严格。

JavaScript 脚本语言由于其效率高、功能强大等特点，在表单数据合法性验证、网页特效、交互式菜单、动态页面、数值计算等方面获得广泛的应用。

（一）表单数据合法性验证

使用 JavaScript 脚本语言能有效验证客户端提交的表单上数据的合法性，如数据合法则执行下一步操作，否则返回错误提示信息。

（二）网页特效

使用 JavaScript 脚本语言，结合 DOM 和 CSS 能创建绚丽多彩的网页特效，如闪烁文字、日历控件等。

（三）动态页面

使用 JavaScript 脚本可以对 Web 页面的所有元素对象使用对象的方法访问并修改其属性实现动态页面效果，其典型应用如网页版俄罗斯方块、扑克牌游戏等。

（四）数值计算

JavaScript 脚本将数据类型作为对象，并提供丰富的操作方法使得 JavaScript 用于数值计算。

二、JavaScript 程序

JavaScript 脚本已经成为 Web 应用程序开发的一门炙手可热的语言，成为客户端脚本的首选。网络上充斥着形态各异的 JavaScript 脚本实现的功能，但用户也许并不了解 JavaScript 脚本是如何在浏览器中解释执行，更不知如何开始编写自己的 JavaScript 脚本来实现自己想要实现的效果。本节将一步步带领读者踏入 JavaScript 脚本语言编程的大门。

JavaScript 与 Java 一样对大小写敏感。HTML 的注释格式是＜！—注释内容－－＞，而 JavaScript 的注释与 Java 相似，格式为“// 单行注释”和“/* 多行注释 */”。

三、变量和标识符

与 C++、Java 等高级程序语言使用多个变量标识符不同，JavaScript 脚本语言使用关键字 var 作为其唯一的变量标识符，其用法为在关键字 var 后面加上变量名。

在编 JavaScript 脚本代码时，养成良好的变量命名习惯相当重要。规范的变量命名，不仅有助于脚本代码的输入和阅读，也有助于脚本编程错误的排除。一般情况下，应尽量使用单词组合来描述变量的含义，并可在单词间添加下划线，或者以第一个单词头字母小写而后续单词首字母大写的方式来命名。

注意：JavaScript 脚本语言中变量名的命名须遵循一定的规则，允许包含字母、数字、下划线和美元符号，而空格和标点符号都是不允许出现在变量名中，同时不允许出现中文变量名，且大小写敏感。

高级程序语言如 C++、Java 等为强类型语言，与此不同的是，JavaScript 脚本语言是弱类型语言，在变量声明时不需显式地指定其数据类型，变量的数据类型将根据变量的具体内容推导出来，且根据变量内容的改变而自动更改，而强类型语言在变量声明时必须显式地指定其数据类型。

变量声明时不需显式指定其数据类型既是 JavaScript 脚本语言的优点也是缺点，优点是编写脚本代码时不需要指明数据类型，使变量声明过程简单明了；缺点就是有可能因微妙的拼写不当而引起致命的错误。

JavaScript 脚本在解释执行时自动将字符型数据转换为数值型数据，而最后一个结果由于加号的特殊性导致运算结果不同，是将数值型数据转换为字符型数据。运算符有两个作用：作为数学运算的加减运算符和作为字符串数据的连接符，由于加号作为后者使用时优先级较高，故实例中表达式“‘600’+5”的结果为字符串“6005”，而不是整数605。

四、运算符和表达式

编写 JavaScript 脚本代码过程中，对目标数据进行运算操作须用到运算符。JavaScript 脚本语言支持的运算符包括数学运算符、逻辑运算符等，下面分别加以介绍。

（一）数学运算符

表 3-6 基本数学运算符

基本数学运算符	举例	简要说明
+	v = 1 + 2;	将两个数据相加
–	v = 1 – 2;	将两个数据相减
*	v = 1*2;	将两个数据相乘
/	v = 1/2;	将两个数据相除
%	v = 1% 2;	将两个数据相除的余数

（二）逻辑运算符

表 3-7 逻辑运算符

<table>
<tr><th>运算符</th><th>举例</th><th>作用</th></tr>
<tr><td>&&</td><td>num < 5&&num > 2</td><td>逻辑与，如果符号两边的操作数为真，则返回 true，否则返回 false</td></tr>
<tr><td>||</td><td>num < 5 || 1num > 2</td><td>逻辑或，如果符号两边的操作数为假，则返回 false，否则返回 true</td></tr>
<tr><td>!</td><td>! num < 5</td><td>逻辑非，如果符号右边的操作数为真，则返回 false，否则返回 true</td></tr>
</table>

逻辑运算符一般与比较运算符捆绑使用，用以引入多个控制的条件，以控制 JavaScript 脚本代码的流向。

（三）if 条件语句

if 条件语句是比较简单的一种选择结构语句，若给定的逻辑条件表达式为真，则执行一组给定的语句，其基本结构如下：

```
if ( conditions )
{
statements;
}
```

逻辑条件表达式conditions必须放在小括号里，且仅当该表达式为真时，执行大括号内包含的语句，否则将跳过该条件语句而执行其下的语句。大括号内的语句可为一个或多个，当仅有一个语句时，大括号可以省略。但一般而言，为养成良好的编程习惯，同时增强程序代码的结构化和可读性，建议使用大括号将指定执行的语句括起来。

if后面可增加else进行扩展，即组成if…else语句，其基本结构如下：

```
if (conditions)
{
statement1;
}
else
{
statement2;
}
```

当逻辑条件表达式conditions运算结果为真时，执行statement1语句（或语句块），否则执行statement2语句（或语句块）。if（或if…else）结构可以嵌套使用来表示所示条件的一种层次结构关系。值得注意的是，嵌套时应重点考虑各逻辑条件表达式所表示的范围。

（四）switch流程控制语句

在if条件假设语句中，逻辑条件只能有一个，如果有多个条件，可以使用嵌套的if语句来解决，但此种方法会增加程序的复杂度，并降低程序的可读性。若使用switch流程控制语句就可完美地解决此问题，其基本结构如下：

```
switch (a)
{
case a1:
statement 1;
[break; ]
case a2:
```

```
statement 2;
[break];
……
default:
[statement n; ]
}
```

其中a是数值型或字符型数据，将a的值与a1，a2，…比较，若a与其中某个值相等时，执行相应数据后面的语句，且当遇到关键字break时，程序跳出statement n语句，并重新进行比较；若找不到与a相等的值，则执行关键字default下面的语句。

（五）for循环语句

for循环语句是循环结构语句，按照指定的循环次数，循环执行循环体内语句（或语句块），其基本结构如下：

```
for（ initial condition; test condition; alter condition ）
{
statements;
}
```

循环控制代码（小括号内代码）内各参数的含义：initial condition表示循环变量初始值；test condition为控制循环结束与否的条件表达式，程序每执行完一次循环体内语句（或语句块），均要计算该表达式是否为真，若结果为真，则继续运行下一次循环体内语句（或语句块）；若结果为假，则跳出循环体。alter condition指循环变量更新的方式，程序每执行完一次循环体内语句（或语句块），均需要更新循环变量。上述循环控制参数之间使用分号“；”间隔开来，例如以下为求1到100的和测试函数：

```
function fun（ ）
{
var sum = 0;
for（ var i = 1; i <= 100; i++ ）
sum += i;
alert（sum）;
}
```

上述函数被调用后，提示信息如图3-12所示。

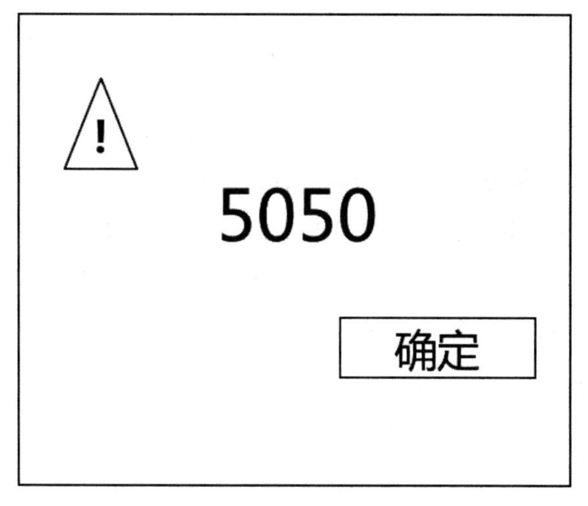

图 3-12 循环求和结果

（六）while 和 do-while 循环语句

while 语句与 if 语句相似，均有条件地控制语句（或语句块）的执行，其语言结构基本相同：

```
while ( conditions +
{
statements;
}
```

while 语句与 if 语句的不同之处在于：在 if 条件假设语句中，若逻辑条件表达式为真，则运行 statements 语句（或语句块），且仅运行一次；while 循环语句则是在逻辑条件表达式为真的情况下，反复执行循环体内包含的语句（或语句块）。注意：while 语句的循环变量的赋值语句在循环体前，循环变量更新则放在循环体内；for 循环语句的循环变量赋值和更新语句都在 for 后面的小括号中，在编程中应注意二者的区别。改写 fun() 函数代码如下，程序运行结果不变：

```
function fun ()
{
var sum = 0;
var i = 1;
while ( i <= 100 ) {
sum+ = i;
i++;
```

```
}
alert ( sum );
}
```

在某些情况下，while 循环大括号内的 statements 语句（或语句块）可能一次也不被执行，因为对逻辑条件表达式的运算在执行 statements 语句（或语句块）之前。若逻辑条件表达式运算结果为假，则程序直接跳过循环而一次也不执行 statements 语句（或语句块）。若希望至少执行一次 statements 语句（或语句块），可改用 do…while 语句，其基本语法结构如下：

```
do{
statements;
}while (condition);
```

for，while，do，…，while 三种循环语句具有基本相同的功能，在实际编程过程中，应根据实际需要和使程序简单易懂的原则来选择到底使用哪种循环语句。

五、常用对象

（一）Math 对象

Math 对象是 JavaScript 核心对象之一，拥有一系列的属性和方法，能够进行比基本算术运算更为复杂的运算。但 Math 对象所有的属性和方法都是静态的，并不能生成对象的实例，但能直接访问它的属性和方法。如可直接访问 Math 对象的 PI 属性和 abs（num）方法：

```
var MyPI = Math.PI; // 圆周率
var MyAbs = Math.abs (-5); // 绝对值
```

表 3-8 Math 对象的方法

方法	描述
abs (x)	返回数的绝对值
acos (x)	返回数的反余弦值
asin (x)	返回数的反正弦值
alan (x)	以介于－PI/2 与 PI/2 弧度之间的数值来返回 x 的反正切值
atan2 (y, x)	返回从 x 轴到点 (x, y) 的角度（介于－PI/2 与 PI/2 弧度之间）
ceil (x)	对一个数进行向上取整
cos (X)	返回数的余弦值
exp (x)	返回数的以 e 为底的指数

续表：

方法	描述
floor (x)	对一个数进行向下取整
log (x)	返回数的自然对数（底为 e）
max (x, y)	返回 x 和 y 中的最大值
min (x, y)	返回 x 和 y 中的最小值
pow (x, y)	返回 x 的 y 次幂
random ()	返回 0 ～ 1 之间的随机数
sin (x)	返回数的正弦值
sqrt (x)	返回数的平方根
tan (x)	返回一个角的正切值
toSource ()	代表对象的源代码
valueOf ()	返回一个 Math 对象的原始值

需要注意的是，JavaScript 脚本中浮点运算精确度不高，常导致计算结果产生微小误差从而导致最终结果的致命错误。例如，以下是计算 sin（π）：

```
alert（ Math.sin（Math.PI） ）；
```

代码运行结果不是 0，而是一个很小的数，如图 3-13 所示。

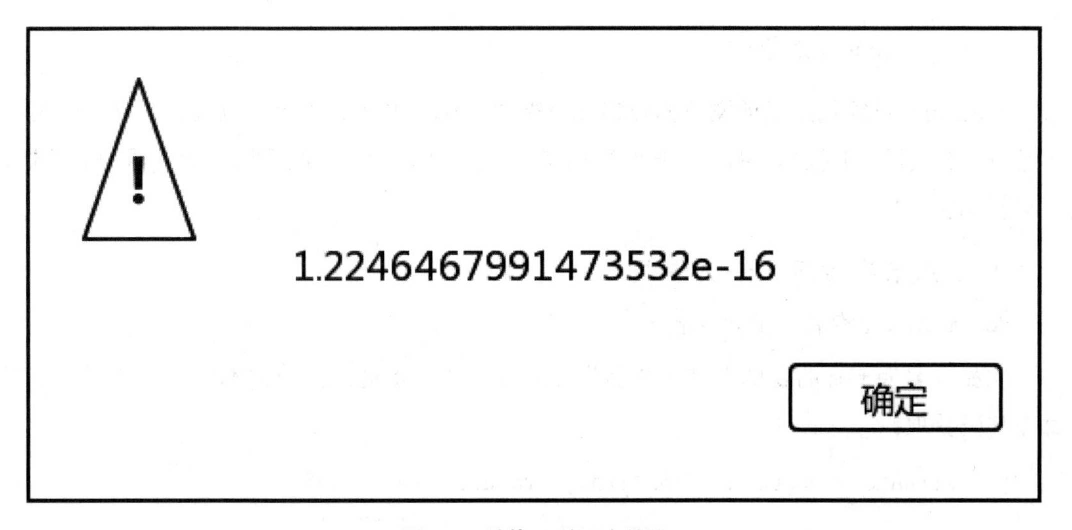

图 3-13 计算 sin（7T）结果

除了基本数学函数外还有产生随机数的函数 random（），该函数返回 0 ～ 1 之间的随机数。如果想获取 1 ～ 100 之间的一个随机整数可以使用以下代码：

```
var varl = Math，ceil（ Math，random（）*100 ）；
```

（二）window 对象

简而言之，window 对象为浏览器窗口对象，为文档提供一个显示的容器。当浏览器载入目标文档时，打开浏览器窗口的同时，创建 window 对象的实例，Web 应用程序开发者可通过 JavaScript 脚本引用该实例，从而实现诸如获取窗口信息、设置浏览器窗口状态等功能。

1. 交互式提示对话框

使用 Window 对象产生用于客户与页面交互的对话框主要有三种：警告框、确认框和提示框。这三种对话框使用 Window 对象的不同方法产生，功能和应用场合也不大相同。其中提示框不返回值，确认框点击确定返回 true，点击取消返回 false。输入框返回用户输入的内容。

2. 打开窗口

① window 对象的 open 函数可以打开新窗体，加载其他页面。

②修改 window 的 location 属性也可以加载其他页面，但不弹出新窗体。

3. 定时器

window 对象通过 setlnterval（）和 setTimeout（）函数实现定时器功能，区别在于 setInterval 是每隔一段时间不断执行某一函数，setTimeout 是在一段时间后执行一次某一函数。

（三）document 对象

document 对象包括当前浏览器窗口或框架内区域中的所有内容，包含文本域、按钮、单选框、复选框、下拉框、图片、链接等 HTML 页面可访问元素，但不包含浏览器的菜单栏、工具栏和状态栏。

1. 使用名字访问，语法格式

document. 元素名 . 子元素名…

比如，名为 frm 的表单中有一个名为 txtname 的文本框，其中文本框的内容可以使用如下代码获取：

var strname = document. frm. txtname. value;

2. 使用 id 访问，语法格式

Document. getElementByld（“标签编号”）

比如，上例中文本框的编号如果为 nameid，可以不通过 form 表单而直接访问，代码变为：

var stmame = document. getElenientBykl（“nameid”）. value;

如果有多个标签重名也可以使用 documenl.getElementsByName（“标签名”）来获得多个重名标签的名称，返回的是标签数组。

（四）history 对象

history 对象包含用户浏览历史的信息，可以使用这些历史记录实现后退、前进功能。History 最常用的函数如下：

① history.back（）// 返回上一页。

② history.forward（）// 进入下一页。

第四章　表格、框架、库、表单及动态网页技术

第一节　表格、框架及库简介

一、表格基本架构

表格是网页设计中的重要元素，它的主要作用包括：在网页中以二维列表的方式组织和显示数据，方便查询和浏览；用表格布局和定位网页元素，平时在网上浏览时看到的排列整齐的页面，很多都是利用表格进行布局的；利用表格还可以美化网页，如设置分割线等。

（一）表格基础知识

在制作表格之前，要了解网页中表格的基本结构。表格横向称为“行”，纵向称为“列”，行列交叉部分称为“单元格”，单元格中的内容和边框之间的距离叫“边距”，单元格和单元格之间的距离叫“间距”，整张表格的边缘叫“边框”。

在网页设计过程中，可以将文本、图片等元素插入表格单元格内，然后通过调整单元格的位置，实现网页元素的定位和排版。

（二）插入表格

在 Dreamweaver“设计”视图中插入表格时，须将光标插入点定位在窗口中需要插入表格的位置，鼠标单击常用插入栏的“表格”按钮，或选择“插入”菜单中的“表格”菜单项，Dreamweaver 会弹出“表格”对话框，在对话框中可以设置表格的行、列等参数，点击“确定”按钮，完成表格的插入。

很多时候，单个表格不能满足布局的需求，这时可以进行嵌套表格的创建，不过其宽度受所在单元格宽度的限制。将光标插入点定位到须插入表格的单元格内，重复上述插入表格的操作，完成表格的嵌套。

在表格中插入元素，只须将光标插入点定位到须插入元素的单元格内，直接输入文本

或插入图像即可。

二、设置表格和单元格的属性

（一）行数、列数

文本框中填写相应的数字就能够定义表格的行数和列数。

（二）表格宽度

文本框配合后面的下拉选项可以定义表格的宽度。表格的宽度可以用像素或百分比单位，如果希望浏览者无法改变表格宽度，请使用像素单位；如果希望表格随用户屏幕分辨率改变，请选用百分比。

（三）边框粗细

文本框中的数字定义了表格边框的宽度，如果设置为零，则不显示边框，这在网页布局中经常使用。虽然没有边框，但是在菜单栏的“查看”→“可视化助理”中选中“表格边框”命令就能显示出边框的虚线，便于布局，最后生成的网页在浏览器中打开，边框不会显示出来。

（四）标题

文本框输入表格标题的文本。

（五）单元格边距

文本框中填写相应的数字即可设定单元格中元素与单元格边框之间的距离。

（六）单元格间距

文本框中填写相应的数字即可设定单元格与单元格之间的距离。

（七）表格 ID

用于编程和今后的行为中使用，暂时不讨论。

（八）背景颜色

打开调色板选中颜色，即可指定表格的背景色。

（九）背景图像

给出图像的路径和文件名即可指定表格的背景图像。

（十）边框颜色

打开混色器面板选中颜色，即可指定表格边框颜色。通过不同的表格边框颜色、背景颜色的指定，可以得到多种效果。

三、表格的基本操作

（一）选择表格

最常用的选择表格的方法有两种：①用鼠标点击表格左上角边框，选中表格；②将光标放在表格中的任意处，然后在菜单栏“修改”→“表格”中选定“选中表格”命令。

（二）更改表格尺寸

鼠标移动到拖放手柄上出现双向箭头光标的时候即可拖动至合适的尺寸。当然要精确定义表格的尺寸还是要在选中表格后的属性栏中设定。

（三）拆分/合并单元格

选中单元格可以合并，选中后选择“修改”→“表格”菜单的“合并单元格”命令即可。选中一个单元格后选中“修改”→“表格”菜单的“拆分单元格”命令，打开“拆分单元格”对话框。

（四）创建和调整布局表格与布局单元格

点击DW插入栏的下拉菜单中的“布局”类型，可启动“布局”对象工具栏。首先必须单击“布局”切换到布局视图，才能激活“布局表格”和“布局单元格”按钮。如点“布局”切换到布局视图，在布局视图中，可以在页上绘制布局单元格和布局表格。当不在布局表格中绘制布局单元格时，DW会自动创建一个布局表格以容纳该单元格。

单击插入栏“布局”分类中的“绘制布局单元格”按钮，将鼠标指针放置在页上开始绘制单元格的位置，然后拖动指针以创建布局单元格。若要创建多个单元格，不用每次都单击“绘制布局单元格”按钮，按住Ctrl键并拖动指针来创建每个布局单元格。

将一个布局表格绘制在另一个布局表格中，可创建嵌套表格。单击插入栏“布局”分类中的“绘制布局表格”按钮，鼠标指针变为加号，指向现有布局表格中的空白（灰色）区域，然后拖动指针以创建嵌套表格。

四、框架的概念

在网页设计中，还可以用框架来布局页面。在Dreamweaver中，可以使用框架集将网页划分成多个区域，每一个区域就是一个框架，每一个框架可以显示不同的网页。Dreamweaver的预定义框架集可以直接创建，也可以在页面中加载。

在浏览网页时，常常会遇到这样的一种导航结构，就是超级链接在左边，单击以后链接的目标出现在右边，或者在上边单击链接，指向的目标页面出现在下面。要做出这样的效果，必须使用框架。在网页的设计中利用框架可以方便网页之间的导航，减少制作具有很多相同部分网页的重复工作，而且也可以缩短用户打开新网页的时间。对框架的操作主要有选择框架、拆分框架、改变框架形状、保存框架、设置框架的各种属性、建立框架文件之间的链接。

制作一个框架的步骤如下（以顶部和嵌套的左侧框架结构为例）：①选择“插入”栏→“布局”→“顶部和嵌套的左侧框架”。②选择“窗口”菜单→“框架”，弹出“框架面板”。从框架面板可知，系统对各框架生成命名，左框架名为：left Frame，顶框架名为：top Frame，右下框架名为：main Frame，当然也可以通过框架属性面板对框架重新命名。创建超级链接时，要依据它正确控制指向的页面。

（一）建立框架页面

直接创建预定义框架集的方法是单击“文件”菜单中的“新建”命令，打开“新建文档”对话框，在该对话框的“类别”列表框中选择“框架集”选项，右侧将显示系统预定义的框架集类型，在“框架集”栏选中所需的类型后，可在右侧预览其框架样式，单击“创建”按钮，弹出“框架标签辅助功能属性”对话框，单击“确定”按钮，完成框架页面的创建。

如果预定义框架集不能满足网页的需要，还可以将其中的框架再进行分割。将光标定位到要拆分的框架中，单击“修改”菜单中的“框架页”命令，在弹出的子菜单中，选择框架的拆分方式，即可将该框架再次拆分。

（二）框架及框架集的设置

单击“窗口”菜单中的“框架”命令，在Dreamweaver右侧面板组中即可显示出“框架”面板，“框架”面板中显示了窗口中框架的结构，在不同的框架区域中显示框架的名称。直接在面板中点击即可选定对应框架，单击框架集的边框即可选中框架集。选定了一个框架集后，在窗体中，该框架集的所有框架都被虚线环绕。

在“框架属性”面板中可以修改框架的参数，其中“框架名称”文本框用于为选取的框架命名，该名称可以作为打开链接的目标。“源文件”文本框指定在该框架内打开的网页地址。“滚动”下拉列表框用于设置框架出现滚动条的方式，选择“是”选项表示无论框架文档中的内容是否超出框架大小都会显示滚动条，“自动”选项表示当框架文档内容超出了框架大小时，才会出现框架滚动条。选中“不能调整大小”复选框，则不能在浏览器中通过拖动框架边框来改变框架大小。“边框”下拉列表框用于设置是否显示框架的边框。“边界高度”和“边界宽度”文本框用于设置框架中的内容与边界的距离。

（三）框架及框架集的保存

可以单独保存某个框架文档或框架集文档，也可以保存框架集和框架中出现的所有文档。

保存框架文档的方法是将光标定位到所需保存的框架中，单击“文件”菜单中的“保存框架”命令，在弹出的对话框中指定保存路径和文件名，单击“保存”按钮即可。

保存框架集文档的方法是选中所需保存的框架集，单击“文件”菜单中的“保存框架页”命令，在弹出的对话框中指定保存路径和文件名，单击“保存”按钮即可。

保存框架集的所有文档的方法是单击“文件”菜单中的“保存全部”命令，即可保存框架集中的所有文档。如果框架集中有框架文档未保存，会弹出“另存为”对话框，提示保存该文档。

当所有的文档都已保存，Dreamweaver 将直接以原先保存的框架名保存文档，不再弹出“另存为”对话框。

五、库

在制作网页的时候，一些网页元素通常会被多个页面加以使用，如果每次都重新制作这些相同的部分，会浪费很多时间，而且在后期的维护和修改时也会非常费力。

库是一种特殊的 Dreamweaver 文件，其中包含用户已创建的单独资源或资源的集合。库里的这些资源成为库项目。每当更改某个库项目的内容时，即可自动更新所有使用该项目的页面。在库中可以存储各种各样的页面元素，如图像、表格、声音和 Flash 文件等。

所谓库项目，实际上就是文档内容的任意组合，可以将文档中的任意内容存储为库项目，使它在其他地方被重复使用。库的操作包括：

（一）创建库

在文档窗口中选择需要保存为库项目的内容，单击资源面板“库”分类中右下角的“新建库项目”按钮。一个新的项目出现在资源面板“库”分类的列表中，预览框中显示预览的效果，还可以给该项目键入新名称。这样，一个库项目就创建好了。

（二）插入库

将光标放在网页中需要插入库文件的位置，在资源面板“库”分类中选择需要插入的库项目，直接拖动到光标所在位置即可。

（三）修改和更新库项目

在 Dreamweaver 中，可以对已经创建的库项目进行修改，并通过“更新库项目”功能，将所有应用该库项目的文件按照修改自动更新。修改和更新库项目的具体步骤如下：

①在“资源”面板的“库项目列表窗口”中，双击打开需要修改的库项目或者单击面板右下方的编辑按钮也可打开选中的库项目，修改内容元素。

②按【Ctrl+S】组合键保存修改，就会弹出“更新库项目”对话框，单击“更新”按钮，当更新页面进度显示完成时，单击“关闭”按钮即可。

如果修改了库文件，选择“文件”→“保存”命令，弹出“更新库项目”对话框，询问是否更新网站中使用了该库文件的网页。单击“更新”按钮，将更新网站中使用了该库文件的网页。

（四）删除库项目

对于不需要的库项目可以将其删除。删除“库项目”的方法有两种，一种是使用快捷键删除；另一种是通过操作面板命令删除。具体介绍如下：

①使用快捷键删除：选中需要删除的库项目，按【Delete】键，弹出“确认删除”对话框，单击“是”按钮，即可删除库项目。

②使用操作面板命令删除：选中需要删除的库项目，单击库操作面板右下角的“面”删除按钮，同样可以弹出“确认删除”对话框，单击“是”按钮确认删除。

第二节　表单及动态网页技术

一、表单

（一）表单介绍

几乎在每个网站中都会有让用户和网站进行数据交互的地方，比如，收集用户对网站的反馈意见，进行各种网上调查，进行用户注册信息采集等。采用表单可以很好地完成这个任务。在 Internet 上同样存在大量的表单，让用户输入文字进行选择。表单是提供交互式操作的重要手段，是动态网页的灵魂，用户可以通过表单输入相关信息，使网页动态地处理用户要求或与服务器进行交流。

在 DW 中表单的制作简单明了，功能强大。调出表单工具条，可以把相关的表单项如 checkbox、Radio bottom、Select form 等建在一个表（form）中，当增加一个表时会出现一个红色的虚线框，并且可以选择表单的传递方式，可以在表单中插入的元素有：文本字段、文本区域、按钮、复选框，单选按钮组、列表 / 菜单，文件域、图像域、隐藏域，单选按钮组、跳转菜单、字段集、标签。表单可以把这些元素收集的用户数据信息一起传送到服务器上，由服务器的程序对信息进行处理。

（二）表单的工作过程

①访问者在浏览有表单的页面时，可填写必要的信息，然后单击“提交”按钮。

②这些信息通过 Internet 传送到服务器上。

③服务器上专门的程序对这些数据进行处理，如果有错误会返回错误信息，并要求纠正错误。

④当数据完整无误后，服务器反馈一个输入完成信息。

一个完整的表单包含两个部分：①在网页中进行描述的表单对象；②应用程序，它可以是服务器端的，也可以是客户端的，用于对客户信息进行分析处理。

在 DW 中，表单输入类型称为表单对象。可以通过选择“插入”“表单对象”来插入表单对象，或者通过“插入”栏的“表单”面板访问表单对象来插入表单对象。

（三）表单的基本元素

①表单：“表单”在文档中插入表单。任何其他表单对象，如文本域、按钮等，都必须插入表单之中，这样所有浏览器才能正确处理这些数据。

②文本域：“文本域”在表单中插入文本域。文本域可接受任何类型的字母数字项。输入的文本可以显示为单行、多行或者显示为项目符号或星号（用于保护密码）。

③复选框：“复选框”在表单中插入复选框。复选框允许在一组选项中选择多项，用户可以选择任意多个适用的选项。

④单选按钮：“单选按钮”在表单中插入单选按钮。单选按钮代表互相排斥的选择。选择一组中的某个按钮，就会取消选择该组中的所有其他按钮。

⑤单选按钮组：“单选按钮组”插入共享同一名称的单选按钮的集合。

⑥列表 / 菜单：“列表 / 菜单”可以在列表中创建用户选项。“列表”选项在滚动列表中显示选项值，并允许用户在列表中选择多个选项。“菜单”选项在弹出式菜单中显示选项值，而且只允许用户选择一个选项。

⑦跳转菜单：“跳转菜单”插入可导航的列表或弹出式菜单。跳转菜单允许插入一种菜单，在这种菜单中的每个选项都链接到文档或文件。

⑧图像域：“图像域”可以在表单中插入图像。可以使用图像域替换“提交”按钮，以生成图形化按钮。

⑨文件域：“文件域”在文档中插入空白文本域和“浏览”按钮。文件域使用户可以浏览到其硬盘上的文件，并将这些文件作为表单数据上传。

⑩按钮：“按钮”在表单中插入文本按钮。按钮在单击时执行任务，如提交或重置表单。可以为按钮添加自定义名称或标签，或者使用预定义的“提交”或“重置”标签之一。

⑪标签：“标签”在文档中给表单加上标签，以＜label＞＜/label＞形式开头和结尾。

⑫字段集：“字段集”在文本中设置文本标签。

（四）插入表单的方法

在网页中添加表单对象，首先必须创建表单。表单在浏览网页中属于不可见元素。在 DW 中插入一个表单，当页面处于“设计”视图中时，用红色的虚轮廓线指示表单。如果没有看到此轮廓线，请检查是否选中了“查看”→“可视化助理”→“不可见元素”。

在网页中插入表单的方法如下：①将插入点放在希望表单出现的位置。选择“插入”“表单”，或选择“插入”栏上的“表单”类别，然后单击“表单”图标。②用鼠标选中表单，在属性面板上可以设置表单的各项属性。在“动作”文本框中指定处理该表单的动态页或脚本的路径。在“方法”下拉列表中，选择将表单数据传输到服务器的方法（POST——在HTTP请求中嵌入表单数据；GET——将值追加到请求该页的URL中）。默认使用浏览器的默认设置将表单数据发送到服务器。通常，默认方法为GET方法。不要使用GET方法发送长表单。URL的长度限制在8192个字符以内。如果发送的数据量太大，数据将被截断，从而导致意外或失败的结果。而且，在发送机密用户名和密码、信用卡号或其他机密信息时，不要使用GET方法。用GET方法传递信息不安全。在“目标”弹出式菜单指定一个窗口，在该窗口中显示调用程序所返回的数据。如果命名的窗口尚未打开，则打开一个具有该名称的新窗口（_blank——在未命名的新窗口中打开目标文档；_parent——在显示当前文档的窗口的父窗口中打开目标文档；_self——在提交表单所使用的窗口中打开目标文档；_top——在当前窗口的窗体内打开目标文档，此值可用于确保目标文档占用整个窗口，即使原始文档显示在框架中）。

（五）表单结构

表单使用< form >< /form >双标记实现，包含了提交信息的全部内容，点击提交按钮后信息将会传递到服务器进行下一步处理。基本结构如下：

< form action ＝ “…” name ＝ “…” method ＝ “…” >

< input type ＝ “text” name ＝ “ ” >

< input type ＝ “password” name ＝ “ ” >

< input type ＝ “radio” name ＝ “ ” value ＝ “…” >

< textarea >…v/textarea >

< select name ＝ “…” >

< option value ＝ “…” >

< option value ＝ “…” >

< /select >

< input type ＝ “submit” value ＝ “…” >

（六）属性说明

1.action 属性

用于指定表单提交后的处理程序，一般指包含处理程序的动态网页文件路径。

2.name 属性

用于设置表单名称，提交后台程序可识别对象进行处理。

3.method 属性

几乎所有的页面都包含表单，是实现信息和数据从客户端浏览器提交给服务器进行处理的最主要方式，是建立客户端和服务器交互的“桥梁”。表单经常与动态网页一起使用，表单提供信息入口，动态网页程序设计处理方式，数据库实现提交数据的存储。常见的表单控件有文本框、密码框、单选按钮、多选按钮、提交按钮等，实现各种方式信息的采集。

二、动态网页技术简介

静态网页虽然能设计出缤纷多彩的页面，为访问者提供舒适、友好的浏览体验。但是页面功能较为单一，除非修改代码，否则内容和效果不会发生任何变化，所有访问者看到的页面也都完全相同，这就使页面的功能受到了很大限制，因此为了弥补静态网页的不足，动态网页技术的出现将网页的功能发挥出更大作用。

（一）什么是动态网页

动态网页，其实指的是一种网页编程技术，在 HTML 基础上，使用了其他的一些高级编程语言，如 VB、Java、C# 等，同时加入数据库技术。通过程序的设计，可以控制页面在不同状态下显示不同的内容，同时可以实现访问者与服务器端的交互。

目前大部分网站都是基于动态页面实现的，如各类电子商务网站，能够实现登录、搜索、交易等功能。

（二）动态网页与静态网页区别

静态页面与动态页面的区别并不是指页面上是否包含动画、字幕等动态效果，而是指页面中是否使用了动态网页的编程技术。另外，动态网页不是脱离静态网页独立存在的，动态网页代码是通过脚本嵌入在静态页面代码中，动态页面的功能需要通过静态页面的 HTML 代码来展示。

1. 技术不同

静态页面主要采用 HTML+CSS+JavaScript 技术实现，目的是将页面内容通过合理的结构和效果展示出来；动态页面采用 ASP、JSP、PHI、.Net 等技术实现，目的在于功能的设计。

2. 运行过程不同

静态页面代码运行在客户机端，只要安装了浏览器，代码就可以解释成相应的页面效果；而动态页面运行需要配置服务器，如使用 PHP 技术需要安装 WAMP 平台（Linux+Apache+Mysql+PHP）或 LAMP 平台（Linux+Apache+Mysql+PHP），动态页面中的动态页面脚本在服务器端执行后，运行结果和其余的 HTML 代码一起被发送给客户机端浏览器。

3. 扩展名不同

静态页面扩展名一般为 .html 或 .htm 等，而动态页面根据技术不同扩展名也不同，如 .asp、.jsp、.php 等。

（三）动态网页的特点

1. 交互性

动态网页能实现用户客户端与服务器的交互，根据用户的操作和选择做出不同改变。例如，动态网页的搜索引擎功能，根据用户输入的内容返回不同的结果，用户可以不断选择，服务器都能做出即时反应并反馈在页面中，最终得到用户想得到的结果。

2. 灵活性

不同时间不同用户可以看到不同的网页内容，例如，新闻网页内容实时更新或页面内容的随机显示，如果使用静态页面实现，需要每次更改页面内容和代码，而这些效果通过动态网页编程都可以实现。

3. 动态性

可以自动生成静态网页。例如，商品的产品展示页面都是使用同一个模板，如果使用静态网页实现，多少商品就要制作多少静态页面，工作量很大。而使用动态页面，只须制作一个网页，将商品信息存储在数据库中，在使用时调用数据库中数据，即可在同一网页中显示不同商品信息，大大简化了工作任务。

（四）常见动态网页技术

1.ASP

Active Server Pages，即动态服务器页面，是 Microsoft 公司开发的服务器端脚本环境，可以创建动态交互式网页和功能强大的 Web 应用程序。ASP 常用的脚本语言是 JavaScript 或 \BScripl，一般选择 IIS（Internet Infonnation Server）作为 Web 服务器软件，使用 Microsoft 公司开发的 Access 或 SQL Server 数据库产品。ASP 优点是脚本语言较为简单，且无须编译，缺点是跨平台性差，只能运行在微软平台上。

2.JSP

Java Server Pages，即 Java 服务器页面，是 Sun 公司推出的动态网页开发技术。与 ASP 类似，JSP 实际上是在传统的 HTML 网页中插入 Java 程序段和 JSP 标记。不同之处在于，ASP 页面每次被访问都需要在服务器端解释执行一次，将生成的 HTML 文档下载给客户端浏览器，而 JSP 页面在第一次请求时会被编译成 Servlet，再生成 HTML 文档发送给客户端浏览器，下次再访问时若页面没有被修改，则直接从 Servlet 生成 HTML 文档发送，无须再次编译。JSP 优点是执行效率高、安全性好，且可以跨平台，缺点是运行环境复杂，

Java 语言难度较大。

3.PHP

Hypertext Preprocessor，即超文本预处理器，是 Rasmus Lerdorf 开发的一种网页开发开源脚本语言。PHP 语言语法结合了 C 语言、Java 和 Perl 语言的特点，便于学习，目前广泛应用于 Web 开发领域。PHP 程序运行须在服务器端安装 Apache 服务器，常与 MySQL 数据库搭配使用。PHP 优点是开源免费、简单易学，且可以跨平台，执行效率较高。

4.ASP.NET

又称 ASP+. 属于新一代的 Active Server Pages 技术，基于 .NET Framework 开发。ASP.NET 可以使用 VB.NET、C# 等语言，支持 Web 窗体，运行在 IIS Web 服务器上。优点是程序与页面相分离，程序代码不是嵌入 HTML 网页代码中，可单独写在一个文件中。

（五）动态网页的相关概念

1.Web 服务器

用来存储网站和网页信息，同时可以运行动态网页的脚本程序。如 Windows 的 IIS 服务器、Apache 服务器等。

2. 数据库

简言之，存储数据的软件，将数据有条理、有结构地进行存放。将数据库应用在动态网页中，可以提高网页中的信息量，提供更多的功能，如存储用户的信息实现注册登录，存放大量商品信息以供查询，实时更新页面等。

（六）动态网页与高科技元素结合

1. 三维视觉效果

在将动态设计技术引入网页设计中之后，人们更加关注网页动态效果。在以上几个原色的基础上，设计人员应该充分借助当代的高科技元素，最具代表性的就是 3D 技术，3D 技术元素的应用，将网站内容更加直观、生动地呈现给用户，提升了视觉感官效果，画面十分逼真。过去的网页界面，基本都是以固定的模式为主，而应用了 3D 技术之后，图片、图标都更加立体，导航条也更加醒目，3D 技术在光感、质感以及视觉效果方面都具有突出优势，能够给人以视觉的冲击。运用 3D 技术，通常都会结合各种视觉元素，比如在网页中的图片、文字以及图标等，都会添加一些 3D 视觉效果，在用户运用浏览器的时候，网页的整体风格，是其第一感受，为在用户浏览的第一时间抓住用户的眼球，设计人员要通过合理的色彩搭配以及图像运用，提升网页的综合感官效果。

2. 高科技的应用

各种网络技术的升级和新的高科技的应用给网页的标准化设计提供了强大的技术层面

的支持，使得网页更富有现代科技魅力，同时，新的网页高科技设计技术又促进人们对新科技的追求，加速了高科技的应用与发展。因此，高科技在动态网页设计上的应用前景是广泛的。

3.web3D 技术和其他相关科技设计技术的限制

网络带宽、处理器速度以及计算机各种硬件、软件发展水平等存在不足，还存在 3D 文件格式限制和渲染引擎等诸多问题。不过这些问题随着各种高科技技术的不断发展和完善，将逐渐得到有效解决。我们会浏览到更多具有真实感的三维立体视觉效果的网页。

（七）动态网页与现代科学元素相结合

1. 动态网页与肌理元素结合

在网页设计中融入动态设计技术，其最大特点就是实现了网页的多媒体性与动态变化性。人们浏览网页的时候，借助网页中包括的多媒体功能，可以更加快速、直观地找到自己需要的信息，比如，在动画、图像以及声音等相关内容中，融入了肌理元素，这不但丰富了网页内容，摆脱过去网页单一、生硬、刻板的视觉效果，而且大大增加网页的艺术感染力，提升了网页的品位，更加符合现代人对新媒体的要求。

2. 肌理元素应用原则

第一，肌理元素的应用要凸显出统一与对比的效果。艺术的表现形式是对比与统一的整体效果的体现，为了增强动态网页的艺术魅力，应该结合肌理原理统一与对比效果，为动态网页增加艺术表达效果。动态网页在肌理元素中的应用，应该坚持对比与统一的手法，在对比中坚持统一，在统一中坚持突出重点。突出肌理的材质与颜色，进而达到所要表现的效果。

第二，网页的风格要与肌理协调。肌理一般运用在某个网页的局部，主要目的是将所要表达的内容传播给浏览者，不同的肌理表现给浏览者的感觉是截然不同的，因此，肌理结合的选择必须符合网页的内容和网页的设计风格，简而言之，设计者在设计时想要传递给浏览者哪些信息，就应该选择相应的肌理元素加以应用。

第五章　网页版式设计与网页布局

第一节　网页版式设计

一、相关概念介绍

（一）网页设计

网页设计又称Web UI Design，是根据企业希望向浏览者传递的产品、服务、理念、文化等信息进行的设计。网页设计包括网站功能策划和页面设计美化工作。作为企业对外宣传的一种重要方式，精美的网页对于提升企业的互联网品牌形象至关重要。

网页设计是一种视觉体验设计，特别讲究编排布局和视觉交互。网页设计不等同于平面设计，它和平面设计有许多不同之处。网页设计是版式设计通过文字、图形的空间组合，表达出和谐与美。

网页设计要求把页面之间的有机联系反映出来，要求处理好页面之间和页面内、页面各区域的秩序与内容的关系。为了达到最佳的视觉表现效果，要反复优化整体布局的合理性，美化视觉的合理性，为浏览者提供流畅的视觉体验。

（二）网页版式设计概述

1. 网页版式设计的概念

网页版式设计是指在有限的屏幕空间内，按照设计师的想法和意图将网页的形态要素按照一定的艺术规律进行组织和布局，使其形成整体视觉印象，最终达到有效传达信息的视觉设计。

网页版式设计是设计师理性思维与感性表达的产物，它决定了网页的艺术风格和个性特征，并以视觉配置为手段影响着网页页面之间导航的方向性，以吸引浏览者的注意力，增强网页内容的表达效果。网页版式设计在整个网页的设计中占有很重要的地位。

2. 网页版式设计与网页尺寸的关系

我们认为视觉的吸引力是基于比例的。如果只是上下或者左右结构，便不能把上下或左右平分，而是采用黄金分割（指将整体一分为二，较大部分与整体部分的比值等于较小部分与较大部分的比值，其比值约为0.618。这个比例被公认为最能引起美感的比例）来进行划分。同样上中下或者左中右结构也不能平分，要注意三者之间的关系。例如，上中下结构，中间的内容需要大一点的空间，一般中间占60%，而上面的内容占30%，下面的内容占10%；左中右结构，左边的内容占40%，中间和右边的内容各占30%，或者左右两边的内容各占30%，中间的内容占40%。

（三）网页版式设计中的造型

造型就是创造出来的物体形象。网页版式设计中的造型是指页面的整体形象，这种形象应该是一个整体，图形与文本的结合应该是层叠有序的，虽然显示器和浏览器都是矩形，但对于页面的造型，可以充分地运用自然界中的其他形状以及它们的组合，如矩形、圆形、三角形和菱形等。

不同的形状所代表的意义是不同的。例如，矩形代表着正式、规则，很多ICP（网络内容服务商）和政府网页都是以矩形为整体造型的；圆形代表着柔和、团结、温暖、安全等，许多时尚网站喜欢以圆形为页面整体造型；三角形代表着力量、权威、牢固、侵略等，许多大型的商业网站为显示它的权威性，常以三角形为页面整体造型；菱形代表着平衡、协调、公平，一些交友网站常运用菱形作为页面整体造型。虽然不同形状代表着不同意义，但是目前的网页制作多数是结合多个图形加以设计，其中某种图形的构图比例可能占得大一些。

（四）网页版式设计中的结构

结构是指组成整体的各部分的搭配和安排。网页布局中的结构是指图片和文字在页面中的排放位置。

二、网页版式设计的要素

（一）网页版式设计的基本要素

通常，网页版式设计是在规则与反规则、技术与反技术的矛盾中追求新意。网页的版式设计与印刷品设计的规则类似，存在于信息、装饰、思维等不同关系之中。网页的版式设计是将丰富的意义和多样化的形式组织在一个统一的结构中，所有基本要素和细节既各得其所又各有分工。这样设计出来的网页作品受众人欢迎。

1. 网页的尺寸

网页的尺寸受限于两个因素：一是显示器屏幕，二是浏览器软件。受传统阅读习惯的影响，网页垂直方向是可以滚动的，页面高度一般不做限制，但是一般向下滚动不会超过三屏。

目前常见的显示器屏幕比例（长：宽）有以下四种：

5 ： 4 = 1.25；

4 ： 3 = 1.33；

16 ： 10 = 1.60；

16 ： 9 = 1.77。

显示器常见分辨率包括如下：

800×640px（宽高比 1.25），800×600px（宽高比 1.33）；

1024×768px（宽高比 1.33）；

1280×960px（宽高比 1.33），1280×1024px（宽高比 1.25），1280×800px（宽高比1.60），1280x720px（宽高比1.77）；

1400×1050px（宽高比 1.33），1440×900px（宽高比 1.60），1440x810px（宽高比1.77）；

1600×1200px（宽高比 1.33）；

1680×1050px（宽高比 1.60），1680×945px（宽高比 1.77）；

1920×1200px（宽高比 1.60），1920×1080px（宽高比 1.77）；

2048×1536px（宽高比 1.33）。

为防止网页要素超出浏览器的可视范围，网页宽度要小于显示器横向像素值。为适应多种显示器的分辨率，网页设置一个安全宽度。一般我们都会设定得稍微小一点，如800×600px，网页宽度保持在 778px 以内，就不会出现水平滚动条；页面高度则视版面和内容决定。在 1024×768px 下，网页宽度保持在 1002px 以内。

2. 整体造型

网页设计整体造型对表达网站的风格类别具有十分重要的作用，因此，可以从一些优秀的网页中了解网页整体造型设计的基本法则，这也有利于突破一般构成法则，追求网页设计的至高境界。

一般来说，网页设计的整体造型可分为开放式整体造型和包围式整体造型两类。

开放式整体造型主要以图或文作为视觉中心，将各种网页要素和视觉要素向页面四周展开。所谓视觉中心，可以在页面的中心，也可以在页面的某一边角上，或放在页面的任意位置上，具体可根据网页设计风格和设计师的风格来灵活选择。

开放式整体造型的主要特点是布局自由活泼、形式灵活多变、界面简洁美观。

包围式整体造型又分为全包围和半包围两种。为了包含更多的内容，利用一定形式的色块、图片、线条等要素形成全封闭和半封闭的边栏或边框，以使网页的视觉效果更具有整体感。包围式整体造型适用于栏目多、板块多、广告多和信息量大的网页。要使页面多而不杂乱，最好的选择就是信息分类、集成模块，或者用边框将信息内容包围起来。

3. 页头

页头又称页眉，页眉的作用是定义页面的主题。顾名思义，页头一般放置在网站的最上方，可以放置网站的名字、图片、公司标志等重要标志性内容，浏览者可以通过页头快速了解这个网站的相关内容。页头是整个页面设计的关键，它涉及网页其他位置的更多设计和整体页面的协调性。但并不是在所有的网页中都有页头，一些特殊的网页就没有明确划分出页头。

页头是一个简单网页中重要的设计要素，承担着许多功能。首先，一个页头必须让人在匆匆一瞥之后就能知道网站的类型以及其要表达的态度是什么；其次，页头一般要有简洁明了的导航功能。所有这些可以轻松地用三个部分（网站名称、图片、导航条）来构建，并将它们通过不同的设计方式整合起来；最后，就是将这些要素放在一起构成一个整体。

按照惯例，名称通常被放在左上角，这符合我们的阅读习惯，图片放在右边（现代网页设计有时候也会打破这样的习惯）。

相对来说名称的比例比较小，但并非绝对，取决于名称的长短，不能一概而论。但最好不要平分名称和图片的区域，因为这会使人的视觉没有落脚点，无法突出重点。用不对称的比例则是比较明智的做法。

4. 文本

文本是整个网站信息内容的重要组成部分，在页面中一般以行或者段落（模块）的形式出现。

通常，相对于导航栏区域，文本有自己的文字区域或位置，在整个页面上形成疏密反差的对比美感。

网站的核心是内容，浏览者访问网站最重要的目的是看网站的正文，网页的文本排版非常重要。网页的文本排版并不仅仅是在CSS里设置字体大小那么简单，想要有好的排版，对细节要下一番功夫才行。

（1）字体

字体具有两个作用：一是实现字意和语义的功能，二是具有美学效果。从加强平台无关性的角度来考虑，正文内容最好采用默认字体，因为浏览器是用本地机器上的字库显示页面内容的。网页设计者必须考虑到大多数浏览者的机器里面只装有三种字体类型以及一些相应的特定字体，而其他字体在浏览者的机器里面不一定能够找到，这给网页设计带来了很大的局限性。

如果有必要使用特殊字体，可以将文字制成图像，然后插入页面中。

不同的字体传达的含义也是不同的，细致的字体会显得十分优美、冷静而含蓄，倾向于女性风格的网站；反之，粗犷厚重的字体会显得富有力量、热情而明快，给人以精力充沛的感觉，更倾向于男性风格的网站。

然而，对于正文的文字来讲，一般情况下，尽量不要调整太大幅度的字体粗细，那样有可能会造成信息可读性的降低，建议使用标准的正文文字。

（2）文字大小与行距

在早期的网页设计中，设计师为了追求中文字体的最佳视觉效果，经常使用 12px 的字号。其实现在看来，网站内容页面用这么小的文字是不可取的，小字体的可读性很差，没有多少人愿意非常费力地盯着屏幕去辨识那些小字。应该说，将字体大小设置成 14px 或者更大的 16px 会更加合理，浏览者阅读起来也更加轻松。当然，如果条件允许，可以在文章阅读页面增加选择字体大、中、小的链接。

文本之间的行距是非常重要的，挤在一起的文章会让读者看起来非常累，时不时地还会看错行。在面对密密麻麻挤在一起的长篇文字时，很少有人会有耐心看下去。一般情况下，文本的行距设置为 1.5 ～ 1.7cm 比较好，最好不要高于 2cm，否则过犹不及。

（3）段落间距

段落之间保持足够的间距才能让浏览者更容易识别，页面也更显整洁。面对没有段落间距的页面，浏览者很可能会把几个连在一起的小段落看成一个大段落。如果每个段落内容太多，浏览者很少有耐心读完，因为互联网上绝大多数浏览者，浏览网站的方法并不是精读，而是“扫描”。

5. 页脚

页头和页脚能使整个页面更加完整。与页头相反，页脚放置在网页的最下方，副导航栏标题、公司信息、版权日期、制作者等信息一般会出现在页脚的位置。

6. 图片

图文并茂，相得益彰，文字和图片具有一种互补的视觉关系，最理想的效果是文字和图片密切配合、互为映衬，既活跃页面，又丰富网页的内容。图片和文本是丰富网页的两大要素，图片的点缀，增加文本的可读性、趣味性，而文本阐述信息内容。

图片能使页面的意境发生变化，并直接影响浏览者的兴趣和情绪。一方面，图片本身是传达信息的重要手段之一。与文字相比，图片直观、生动，可以很容易地把那些文字无法表达的信息表达出来；另一方面，图片的应用使得网页更加美观、活泼，使得浏览者乐于接受和理解。

在利用图片设计网页要素的过程中，通常应注意以下八方面的内容，具体见表 5-1。

表 5-1 图片设计需要注意的问题

序号	项目	图片设计注意要点
1	图片的规格	图片在网页中占据的面积大小直接显示其重要程度。图片的外形、大小、数量以及其与背景的关系，都与网页的整体内容有着密切的联系，一般来说，大图片容易形成视觉焦点，感染力强；小图片用于点缀画面，呼应页面主体。在同一个网页中，大、小图片和文字相互对比和互补，构成最佳的页面视觉效果
2	图片的数量	图片的数量是根据网页内容而定的。有些内容必须使用图片，但是限于目前网络的传输速度，使用图片时一定要慎之又慎。相对来说，太多或者太大的图片仍会降低页面访问的速度
3	图片的延续	网页页面的整体感觉是建立在形象的承上启下关系上的，尽管页面有可能被分割成几屏来显示，但是图片或者文字的延续性应使浏览者得到完整、统一的视觉效果。设计者要做的就是整体考虑，处理好每一屏与整体页面的关系
4	图片的裁切	一个完整状态的形象往往容易被人们忽略。完整的形象一旦被打破，人们的注意力就会上升。如果将内涵与形式有机地结合起来，用创意的手段便会改变形象对视觉的心理冲击力，加强信息的有效传递力度，通过对新的形象赋予新的内涵和意义来达到设计者传播给浏览者信息的目的
5	图片的分片	很多图片编辑器可以将设计的网页图片迅速、有机地自动分割并生成网页代码，帮助非编码者快速完成站点的原型化实现
6	图片与背景	网页图片与背景呈对比和反衬的关系，也就是说，网页的背景应是简洁而单纯的，图片与背景的图案或者色彩有机地结合，并达到和谐统一，目的是突出主要信息的传递，设计时，应避免使用多种色调和复杂对比度的图案作为网页的背景，而应使用淡雅的图案或者简单的颜色作为网页的背景
7	图片与链接	图片可以作为链接的资源，通过创建图片地图，让一个图片内的不同区域指向不同的链接网页，让浏览者在单击图片上不同区域时激活链接。图片地图中的链接可以指向其他可以链接的地方，如另一个网页、图片和电子邮件等
8	图片与速度	一般来说，图片尺寸越大、数量越多，传送该网页的时间就越长，如果载入时间过长，浏览者可能没有耐心等待，进而降低对该网页的访问兴趣

7. 多媒体

现在的网页设计都是综合了多种媒体的集合，并且加入了更多动画、视频和 Flash 等要素来丰富网页信息的表现形式，可更加方便地传递网页信息。

不过由于网络传输速度的限制，在使用多媒体表现形式的时候，要考虑到浏览者的网络带宽，将多媒体信息在尽可能不损失质量的前提下，快速而完整地显示在浏览者的眼前，以达到传递信息的目的。

（二）网页设计的其他视觉要素

1.LOGO

网站标志（LOGO）是一个网站的特色和内涵，其设计创意来自网站的内容和名称，表达网站的理念，便于人们记忆，同时也被广泛地用于网站的链接和宣传等，如企业的商标。

一般来说LOGO会出现在网站的每一个页面上，是网站要传递给浏览者的第一印象。LOGO一般通过图案和文字的组合实现对网站整体风格和理念的一个展示，从而提升浏览者的浏览兴趣，增强网站标志和印象的目的。

LOGO的表现形式是多种多样的，有简洁的文字符号，有繁复的图案、纹理，也有可爱的卡通动画或者人物等。

许多大型网站都设计了极具个性的LOGO，与网站的风格相吻合。很多知名网站的LOGO在设计方面是非常简洁、方便记忆的。常见的做法是运用变形、放大、变色、图形化等处理方法，在企业名称的简写、英文域名上做文章。

2. 导航栏

导航栏是一组超链接，是指向网站首页和主要的栏目或内容，帮助浏览者快速地访问网站栏目和返回首页的工具。导航栏是网站访问的主线，对整个网站栏目起到了提纲挈领的作用，将网站的结构清晰地、方便地、易查找地展示给浏览者。

导航栏一般用按钮或者文本来组织超链接。导航栏的位置一般分为上方导航栏、左侧导航栏和右侧导航栏，也有一些特殊的网站将导航栏放置在中间或其他非常规的位置，给人以耳目一新的感觉。

用颜色、形状、位置和图片、图标修饰的导航栏，给人以千变万化的感觉，引导和吸引浏览者对该网站内容产生浓厚的兴趣。

3. 背景

（1）底纹颜色

底纹颜色是指网页或者表格的背景纹路和颜色，通过不同的底纹效果来表现。

通过背景颜色的深浅或者颜色渐进的变化来衬托整个页面的气氛。通常来说，底色深，文字的颜色就要使用浅色，以深色的背景衬托浅色的文字或图片内容；底色浅，文字的颜色就要相应地使用深色，以浅色的背景衬托深色的文字或图片，以加强明度对比和变化。

通常低温暗色的色调比较柔和，主要起着衬托网页内容、设计的作用，使得浏览者第一眼就看到它却又不喧宾夺主。

（2）背景图片

网页的背景设计也越来越重要，在企业和个人网站中，使用率也越来越高。加上背景图片的平铺，营造一个生动的场景，不仅创造出新颖、丰富的视觉效果，还渲染了整个网站的气氛。鉴于目前互联网的发展速度，使用100K大小的图片已经没有什么障碍。设计的初期要计划好背景图片与页面其他要素之间的对应关系，做到风格统一、首尾呼应、浑然一体。

4. 广告

IAB（Internet Advertising Bureau，国际广告局）的标准和管理委员会与 CASI（Coalition for dverlising Supported Infonnation and Entertainmenl，广告支持信息和娱乐联合会）合作，提出了一系列标准尺寸的广告。这些标准作为建议，提供给广告生产商和消费者。现在的网站上几乎所有的广告都遵循了 IAB/CASIE 标准。

随着 web 的发展，以前的广告模式已不能适应用户的需求，标准中规定的广告尺寸，已经从传统的 Banner 逐步过渡到方形广告模式，媒体类型也从静态过渡到视频。

国际上规定的标准广告尺寸有八种，并且每一种广告规格的使用都有一定的范围，具体见表 5-2。

表 5-2 国际规定标准广告尺寸

尺寸（px）	类型
120×120	这种广告规格适用于产品或新闻照片展示
120×60	这种广告规格主要用于做 LOGO
120×90	这种广告规格主要用于产品演示或大型 LOGO
125×125	这种广告规格适用于表现照片效果的图像广告
234×60	这种广告规格适用于框架或左右形式主页的广告链接
392×72	这种广告规格主要用于有较多图片展示的广告条，用于页眉或页脚
468×60	这种广告规格是应用最为广泛的广告条尺寸，用于页眉或页脚
88×31	这种广告规格主要用于网页链接，或网站小型 LOGO

由于网络本身的特点，Banner 的设计与创作有一些特别之处值得注意，一个经过精心设计的 Banner 和一个创意平淡的 Banner 在点击率上将会相差很多。

Banner 的文字不宜过多，一般用一句话来表达，搭配的图形也无须太繁杂，文字尽量使用黑体等粗壮的字体，否则在视觉上很容易被网页其他内容淹没，也极容易在 72DPI（图像每英寸长度内的像素点数）的屏幕分辨率下产生“花字”。图形尽量选择颜色种类少、能够说明问题的事物。如果选择颜色很复杂的物体，要考虑一下在低颜色数的情况下，是否会有明显的色斑。尽量不要使用彩虹色、晕边等复杂的特技图形效果，这样做会大大增加图形所占据的颜色数，除非存储为 JPG 静态图形，否则颜色最好不要超过 32 色。

Banner 的外围边框最好是深色的，因为很多网站不为 Banner 对象加轮廓，这样，如果 Banner 内容都集中在中央，四周会过于空白而融于页面底色，降低了 Banner 突出宣传的效果。

目前，网页设计中出现了较多多彩的 Banner 效果，这些效果主要用 Flash 技术实现，突出宣传效果的同时大大节省了存储空间。

三、网页版式设计的构图形式

网页版式与其他设计一样要遵循一定的规律和秩序，设计师要对整个页面有整体的设计和把控，将各个构成要素以一定的规律和秩序加以系统的组合，协调好色彩、构图、风格创意之间的关系，使整个网页作品体现整体秩序的美感。网页的版式设计包括多个方面，这里主要介绍构成形式。网页的构图形式主要有几何分割、对称切割、组合分割、多重切割、平衡分割和节奏与韵律等。

（一）几何分割

对网页版式设计区域进行适当的分割能够有效地将文字、图形、图像配置在有限的空间中，突出要素的层级关系。设计时，要注意页面要素不要过于复杂和花哨，一般采用纯色大块搭配渐变，主要突出形状和区块。

简单的几何切割是指用一个形状或者素材切分整个页面，使得画面瞬间变得有趣生动起来，内容区域也能得到有效划分，这类构图形式对内容没有过多要求，可随意安排，具体版面可根据内容进行处理。几何分割是现在专题页面中用得最多、最普遍的一种构图形式。

（二）对称切割

采用对称切割构图形式的前提一般是把内容分为主要的两部分，并已这两部分内容呈对立关系，如对战、男女、冷热等。页面一分为二，内容划分明确，更具有视觉冲击力。

（三）组合切割

组合切割集中而有规律地排列，能从整体上抓住人们的视线。这种构图形式适合网页每个区块中的内容属于平级关系的专题，用这种组合的排列能够保持各内容的关系，也能让布局更有创意。

（四）多重切割

多重切割是一种不规则的构图形式，避免了画面呆板，不易产生审美疲劳。不同的形状和排列，呈现的视觉效果也不一样。使用这种构图形式一般是为了体现时尚感、科技感的专题，如家电、服装及战斗类游戏的专题等。

（五）平衡分割

平衡分可为对称平衡和均衡。对称平衡是以中心轴线做上下、左右、旋转等的同等或同量的对称。

如果想让网页看上去美观和优雅，可以通过在类似对象上的中心轴线的任一侧来实现，也可以通过相同的尺寸，基于网格的文本段落或具有匹配文本相关的图像进行说明。

均衡也是一种平衡。它摆脱了对称式的中心线或中心点的控制，但是它始终存在重心。网页版面的均衡并不是实际重量的均衡，而是根据版面构成要素的形状、大小、轻重、色彩、位置等视觉判断产生的平衡。均衡感使设计版而更具和谐的生命力，同时它存在调和与力学的空间配置。

（六）节奏与韵律

节奏与韵律源自音乐概念。节奏是指按照一定的条理或秩序，重复连续地排列，形成一种律动的形式。节奏既有等距离的连续，也有渐变、大小、长短、明暗、形状、高低等的排列。在节奏中注入美的因素和情感使之富于个性，就产生了韵律。韵律就像是音乐中的旋律，既有节奏又有情调，它能增强版面的感染力，开阔艺术的表现力。

四、网页设计原则

网页是传播信息的载体，也是吸引访问者的主要入口。在进行网页设计时，遵循相应的设计原则，能够让网页设计师明确设计目标，准确、高效地完成设计任务。网页设计原则包括以用户为中心、视觉美观、主题明确、内容与形式统一四个方面，具体介绍如下。

（一）以用户为中心

以用户为中心的原则要求设计师站在用户的角度进行思考，主要体现在下面几点。

1. 用户优先

网页设计的目的是吸引用户浏览使用，无论何时都应该以用户优先。用户需求什么，设计师就设计什么。即使网页设计的再具有美感，如果不是用户所需，也是失败的设计。

2. 考虑用户带宽

设计网页时需要考虑用户的带宽。针对当前网络高度发达的时代，可以考虑在网页中添加动画、音频、视频等多媒体元素，打造内容丰富的网页效果。

（二）视觉美观

视觉美观是网页设计基本的原则。由于网页内容包罗万象，形式千变万化，往往容易使人产生视觉疲劳。这时赏心悦目、富有创意的网页往往更能够抓住访问者的眼球。设计师在设计网站页面时应该灵活运用对比与调和、对称与平衡、节奏与韵律以及留白等技巧，使空间、文字和图形之间建立联系实现页面的协调美观。

（三）主题明确

鲜明的主题可以使网站轻松转化一些高质量有直接需求的用户，还可以增加搜索引擎的友好性。这就要求设计师在设计页面时不仅要注意页面美观，还要有主有次，在凸显艺术性的同时，通过强烈的视觉冲击力体现主题。

（四）内容与形式统一

任何设计都有一定的内容和形式。设计的内容是指主题、内容元素等，形式是指结构、设计风格等表现方式。一个优秀的网页是内容与形式统一的完美体现，在主题、形象、风格等方面都是统一的。

第二节　网页版面布局

一、网页版面布局的原则

（一）重点突出

网页版面布局应考虑页面的视觉中心，即屏幕的中央或中间偏上的位置。通常一些重要的文章和图片可以安排在这个位置，稍微次要的内容可以安排在视觉中心以外的位置。

（二）平衡协调

网页版面布局应充分考虑受众视觉的接受度，和谐地运用页面色块、颜色、文字、图片等信息形式，力求达到一种凸显稳定、诚实、值得信赖的页面效果。

（三）图文并茂

网页版面布局应注意文字与图片的和谐统一。文字与图片互为衬托，既能活跃页面，亦能丰富页面内容。

（四）简洁清晰

网页版面布局应使网页内容的编排便于阅读，通过使用醒目的标题，限制所用的字体和颜色的数目来保持版面的简洁。

二、网页版面布局的方法

根据确定好的布局结构，开始进行页面的版式布局。网页版式布局的方法有两种：一种为手绘布局，另一种为软件绘图布局。

（一）手绘布局

网页设计和写文章一样，如果能够预先打好一个草稿，就能够设计出优秀、高质量的网页。在实际设计之前，设计师要在纸上绘制出页面版式草图，以供设计时参考。这个草稿虽然不会给客户看，但也要尽量绘制得简单、明了。

（二）软件绘图布局

手绘布局的方法同样也可以使用绘图软件来完成，可以使用 Fireworks 的图像编辑功能来设计网页版式布局，也可以使用 Word 作为设计版式布局的工具。

三、网页版面布局的形式

网页版面布局不是网页版式的简单编排，而是网页中各种可供使用的要素和技术的整体规划，通过网页版面布局，使网页本身具备了良好的视听效果、方便的操作、生动的互动效果。

网页版面布局的结构形式主要有以下几类。

（一）“T”形布局

传统的“T”形布局是大多数门户网站采用的版式结构。“T”形布局是将网站的主标识放在左上角，导航在上部中间占有大部分的位置，然后左边出现次级导航或者重要的提示信息，右边是页面主体，出现大量信息并通过合理的板块划分达到传达信息的目的。

“T”形布局符合传统阅读规则，按照自上而下、从左到右的顺序排列信息，浏览者无须花费更多的时间去适应。“T”形布局是网页设计的基本结构形式之一，之后衍变出来的所有布局设计形式也多是由它发展而来的。

（二）上下对照式布局

在“极简主义”设计思想的影响下，产生了更加直观的上下对照式布局。这种布局形式在页面内容的组织上一般选取更加直接而极富视觉冲击力的图形和考究的文字排版，做到张弛有序。上下对照式布局的页面设计是考验网页设计师布局能力的重要道具。

（三）上中下“三”字形布局

上中下“三”字形布局的特点是更注重突出中间一栏的视觉焦点。上中下“三”字形布局适用于一些时尚类的网站，更能够体现现代感和简约感。

（四）左右对称型布局

左右对称型布局是网页版面布局中最为简单的一种。左右对称是指在视觉上的相对对称，而非几何意义上的对称，这种布局形式将网页分割为左右两部分。一般使用这种布局形式的网站均把导航区设置在左半部分，而右半部分用作主体内容的展示区域。左右对称型布局便于浏览者直观地读取主体内容，但是却不利于发布大量的信息，所以这种布局形式不适合用于内容较多的大型网站。左右对称型布局的好处在于内容相对集中，并且把设计表现区域化，在以强烈的视觉符号让浏览者记忆深刻的同时，也保证了信息的完整和浏览顺序。同时，左右对称型布局也能带来对称的美感。

（五）“同”字形布局

“同”字形布局名副其实，采用这种布局形式的网页设计往往将导航区置于页面顶端，一些广告条、友情链接、搜索引擎、注册按钮、登录面板、栏目条等内容置于页面两侧，中间为主体内容，这种布局形式比左右对称型布局要复杂一点，不仅有条理，而且直观，有视觉上的平衡感，但是这种布局形式也比较僵化。在使用这种布局形式时，高超的用色技巧会规避“同”字形布局的缺陷。

（六）“同”字形布局

“同”字形布局实际上是对“同”字形布局的一种变形，即在“同”字形布局的下面增加了一个横向通栏，这种变形将“同”字形布局中不是很重视的页脚利用起来，增大了主体内容，合理地使用了页面有限的面积，但这样往往会使页面充斥着各种内容，显得拥挤不堪。

“回”字形布局的特点是将需要突出的内容放置在页面正中央。这种布局形式在传统的平面设计中十分常见，能够让浏览者很自然地把注意力放在页面的中央。在一些设计类的页面和个人主页中，经常能够见到这种布局形式的运用。

（七）“匡”字形布局

“匡”字形布局和“回”字形布局一样，都是“同”字形布局的一种变形，它是将“回”字形布局的右侧栏目条去掉而形成的新布局，这种布局是“同”字形布局和“回”字形布局的一种折中，这种布局形式承载的信息量与“同”字形布局相同，而且改善了“回”字形布局的封闭性。

（八）自由式布局

上述几种布局是传统意义上的布局，而自由式布局相对来说随意性大，颠覆了传统的以图文为上的表现形式，将图像、Flash 动画或者视频作为主体内容，其他的文字说明及栏目条均被安排在不显眼的位置，起装饰作用。自由式布局在时尚类网站的网页设计中使用得非常多，尤其是在时装、化妆用品的网页中。这种布局形式富于美感，可以吸引大量的浏览者欣赏，但是却因为文字过少，而难以让浏览者长时间驻足，另外，自由式布局中起指引作用的导航条不明显，且不便于操作。

四、各类网站中网页版面布局的特点

（一）资讯类网站

以发布信息为主要目的；页面信息量大，页面高度较长，布局以 3 ～ 4 栏为主，页面高度接近 10 屏左右，重要信息放置顶部，导航栏排在页面上部，左右两列是功能区和附加信息区，中间位置为主要信息和重要信息显示区；页面内容以文字为主，图像较少，多以敏感的新闻图片吸引浏览者。

（二）电子商务类网站

以实现交易为目的，以订单为中心；这类网站必须实现商品展示、订单生成以及订单执行流程功能；页面包含产品分类搜索功能，其多采用 2 ～ 3 栏的布局，给人开放、大气的感觉；导航以搜索为主，横排在页面上部，左右两侧一般为内容区和产品分类区；产品展示多以图片和文字结合，体现产品的说服力，搜索、注册和登录等模块应放置于页面最醒目的位置。

（四）教育类网站

教育类网站与资讯类网站相似，但是以提供教育资讯为主，同时针对学校本身宣传或提供在线教学；对于教育机构网站多以静态分栏相结合布局为主，对于提供在线教学功能网站多以分栏布局为主。

（五）功能性网站

百度、Google、网址之家是功能性网站的主要代表，这类网站的功能是提供互联网网址导航；布局简单，搜索框和按钮占据页面绝对重要位置；页面设计尽量简洁，没有广告、图片；在视觉设计中，提高用户对网站的感情和黏合度的同时，要考虑页面文字、下载速度、功能实用、信息提示与布局清晰。

（六）综合性网站

综合性网站的特点是提供两种以上典型的服务布局，主要以分栏为主。栏目风格协调统一，导航清晰、合理，方便引导浏览者。

第六章　网页设计的构图元素及风格类型

第一节　网页设计的构图元素

一、网页设计的构图元素概述

虽然设计的网页风格形式千变万化，但是构成图形图像的最基本的元素仍然是点、线、面及其组合：通过这些构成元素的变化所组成的网页才是别具一格的、多样化的。

点元素、线元素、面元素的元素概念是相对的，一个圆可以是一个点的放大，一排圆又构成了一条线，足够数量的圆又组成了一个面。

二、点元素的构成

在网页设计中，运用点的属性可以设计出千变万化的点的造型。点元素是造型的基本元素，也是最简洁的形态。点元素是网页设计构图元素中的最小单位，通过无数的点可以形成线元素和面元素。

①单个点的视觉表现。

视觉上的单个点，可以是圆形，也可以是方形或者其他无规则的图形。

②多个点的视觉表现。

圆点的大小和位置的不断变化产生一种空间感，粗边框的设计使得页面厚重而充实，通过大小变化及与方形之间的关系处理，页面的感觉和层次也变得更加丰富。

三、线元素的构成

线元素是由点元素的连续排列或移动而构成的，用线能表达网页设计的情感和抽象意义，页面的工整度、速度感也是通过线来体现的。线在空间中具有方向性和运动感。

总的来说，线可分为直线和曲线两种。直线可分为垂直线、斜线、水平线，具有速度、力量和坚硬的感觉；曲线可分为几何曲线、自由曲线等，常用于体现温和、柔软以及流畅的特征。

线元素是分割页面的主要元素之一，是决定网页风格的基本元素，线形不同，设计出的网页风格也不同。

①直线的视觉表现。水平直线有均衡、平静和安定的感觉，重复排列，能够产生一种秩序的美感。

②斜线的视觉表现。斜线具有运动、不安定、富于变化、活力的特征。

③曲线的视觉表现。曲线具有温和、流畅、柔软的视觉效果，适合表现女性特征，常常用来表现与女性有关的网站。

四、面元素的构成

点的横竖密集排列、线的平移运动形成了面〉与点和线相比，面具有更强的视觉效果和表现力。

在视觉形态上，通过面的大小、位置、形状、角度的变化，形成鲜明的个性和情感特征。设计的时候要注意把握不同形状的面之间的相互依存关系和整体的和谐统一。

面的组合可以是多种多样的，例如，一个页面可以通过面的叠加、重合、穿插的设计来体现所要表达的视觉效果，也可以采用独立的面设计构图，还可以将各种类型的而结合起来构图，达到需要的设计效果。

面可分为几何图形和自由图形两种。其中，圆形、方形、三角形等都是几何图形。几何图形给人以简洁明快、有序的视觉效果。

（一）几何图形

①圆形面的视觉表现。

当圆点放大到一定尺寸时，就变成了圆面，作为一个独立的视觉效果会更加鲜明而强烈。

②方形面的视觉表现。

方形面的效果在网页设计中是比较常见的，可以设计一个整体、一个空间、一个场景，或者将多个方形面组合在一起，视觉效果富于变化。

③三角形面的视觉表现。

三角形面在画面中所表达的主体放在三角形中或影像本身形成三角形的态势。此构图方式是视觉感应方式，有形态形成的三角形态，也有阴影形成的三角形态。三角形面产生稳定感，倒置则不稳定，突出紧张感，可用于不同景别，如近景人物、特写等摄影。

（二）自由图形

自由形面通过对图像要素的自由排列或者手绘方式，以不同的外观形成不同规则的而，给人以生动、灵活的感受。

五、混合元素的构成

单纯地运用点、线、面元素进行网页设计，有可能会略显单调或者乏味。如果将它们共同运用在设计中，会使页面具有更强烈的表现力。

合理地运用点、线、面元素，安排好它们之间的相互关系，就能够设计出丰富、翔实、具有极佳视觉效果的网页页面。

①点、线元素结合的视觉表现。

不同的点和线元素的结合，形成了简洁明快的视觉表现。曲线连接点的效果同样形成了视觉的美感。

②线、面元素结合的视觉表现。

线和面的交错搭配，产生一种规则的视觉效果，稳定而平静。曲线和不规则面的结合，打破了直线视觉效果，给人以明快活泼的视觉效果。

③点、线、面元素结合的视觉表现。

由点、线、面元素结合设计出来的网页视觉效果丰富而翔实，给人以极佳的视觉表现力；相互之间的映衬突出了网页的设计风格和视觉主题。

六、网页设计中常用的构图方法

网页设计在网站建设史起到很重要的作用，那么构图方法是网页设计的基础技能。整体构图的结构直接影响了网页的美观度，不仅拍照要讲究布局结构，网页设计也同样需要。网页设计中常用的构图方法如下。

（一）三角构图手法

以三个视觉中心为景物的主要位置，有时是以三点成面几何构成来安排景物，形成一个稳定的三角形。这种三角形可以是正三角也可以是斜三角或倒三角，其中斜三角较为常用，也较为灵活。三角形构图具有安定、均衡但不失灵活的特点。

三角形给人稳定的感觉，而倒三角给人的感觉截然相反，即不稳定、紧张的感觉。倒三角形构图相对正三角形构图而言更加新颖，但画面的稳定和均衡感没有正三角形构图强烈，相比之下，它更能表现一种张力和压迫感，使画面更富有视觉冲击力。

正三角形如同金字塔一样，两条斜边向上汇聚，其尖端有一种向上的动感。在网页设计中，这种构图最稳定，在心理上给人以坚实安全的感觉。

（二）引导线构图法

当我们欣赏一幅画面时，我们的视线很容易被某些线条引导，就像被路标指引那样，让人进入到特定场景中去，这个就是引导线的作用，巧妙利用引导线，可以有意识地将用户的注意力集中于想要表现的主题上去。

其实引导线并非一定是曲线，可以是人的视线，也可以是拼接在一起的小色块等等。只要能将观者的视线自然有序地拉到画面中的主体对象，那么它就达到了引导线的目的，巧妙地突出主体。

3. 对称构图法

对称式构图是一种表现上下、左右对称效果的构图，可以给人安定、庄重、深远之感。

对称式构图把水平线、垂直线安排在画面中央。例如拍摄景物的倒影时，水平线要在画面中央，才能呈现上下对称的视觉效果。又比如说，当图像左右对称，就应该将垂直线安排在画面中央，以表现为左右对称构图的形式美。

使用对称式构图会使画面较为平淡，因为人的视线重复观赏同样的形态，会产生视觉疲劳。所以当我们采用此构图方法时，可以利用，色彩、光影等，打破单调感。

第二节　网页设计的风格类型

一、网页设计风格简述

网络是一个全新的舞台，在这个舞台上，甚至是普普通通的社会的一员也有机会在这里大展身手，在这样的条件下，设计师该怎样做呢？也就是说作为一个车网络环境下的设计师应该怎样利用自己的设计来满足人们的需求，迎合他们的要求，同时如何保持自己的风格，使自己真正作为一个倡导潮流的人。

网页设计风格一词在词典上的解释是“气度、作风；某一时期流行的一种艺术形式”。具体到网页设计的基础上，网页设计师的风格就是在运用自己的所拥有的手段，包括所拥有的审美的素质、应用软件的能力、以及感受生活的敏锐的觉察力，来建立起自己独特的设计形式、独特的作风。从这个概念出发，设计师就应该有自己的风格。在网络如此发达的今天，网页也是五花八门，千奇百怪，但是作为一个设计师的地位还没有得到应有的提升，造成今天的网页设计师的风格没有真正的得以体现，使网页的设计在一个低层次的水平上重复。同时由于大家的相互“借鉴”，使网页的页面布局基本上成了某种约定俗成。这样的直接后果是网页作为新的媒体，本应该是方便人们的使用为目标的，却有很多的地方不能够使人满意，而这些不令人满意的地方却原封不动地保留下来，有些是功能上的，例如在按钮或者是导航的设置上，有些形成了常规的按钮安排方式是令人不方便的。同样在一些用色的规范或者是其他元素的应用限制了设计师作用的发挥，造成了这样的僵化模式。所以在这个新的时代，急切的呼唤具有自己的风格的设计师来做出一些更好更方便的网页来。

虽然现在的网页设计的现状有吞没设计师个性的趋势，但是同样这个时代也是一个追求形式上的创新和开拓的时代。一个勇敢的同传统势力、同形式主义相抗衡的时代。每一个有理想有抱负的设计师都有理由在这样的状况下运用自己的能力，开辟出一片新天地。那么作为一个网页设计师应该怎样做才能凸显自己的风格呢？首先来说他的这种风格不能背离人们的现实太远，这个现实就是人们习惯了的网页的布局，虽然可能经过长期的努力可能会使这种局面得以改观，但是在目前的情况下如果一味地求自己的风格就会严重地脱离用户，做网页首先应该还是要考虑网络用户的使用的，如果自己的网页在很多的方面同目前已形成的习惯的编排方式大不相同，那么习惯于上网的用户使用起来就会感到很不方便，这样得不到用户的支持，这样的设计是失败的；在审美上同样是如此的，目前人们还不能一下子接受在网页上同大众完全不同的图片的安排方式或者是用色的形式，也许在设计师本人看来是非常漂亮的页面，也许是在平面设计的欣赏角度看来是非常好的页面，可是用户们却难以接受。这就是要求设计师在设计时要兼顾到习惯，在大体上或者是整体上不同习惯的使用形式相背离的情况下加入一些自己的东西，在功能上使用户更加方便。例如，可以采用更简洁的方式处理页面，去掉一些纷繁复杂的东西，或者是在页面的布局上采用自己的独特的方式来约束自己的网页上的应用元素，用细线条来分割，用色块来区别自己的不同的栏目，用声音来提示一些操作，这样就会逐渐地形成自己的处理页面的风格，不同的网站的设计都可以把这种风格应用上去，这样风格就这样炼成了！这也是反映出要想形成自己的风格，要一步一步地将自己的风格反映出来，不能脱离人们的现实太远。当然由于自己的习惯、修养以及其他的因素的作用，这个风格体现的方式大相径庭，例如有的设计师喜欢现代主义风格，喜欢它的简洁、实用、追求功能上的严谨。但是另外一些人喜欢追求视觉上的新奇、愉悦，所以反映到网页的设计上就是一种装饰化、流行化的风格，即所谓的新艺术风格。当然风格往往不是很单纯的一种方式反映出来，有时候是采用的结合的方式，呈现出丰富多彩的方式。

二、网页设计类型概述

网页设计实际上没有好坏之分，只是设计风格不同而已。

网页设计的目的是突出网站的特点，以信息内容得到较好的传递为前提。根据网站的主题内容，网页设计首先要考虑的是风格的定位。

目前，网页的应用范围非常广泛，涵盖了几乎所有的行业。归纳起来大体有新闻传媒、政府机关、企业单位、科教文化、艺术娱乐、电子商务等。不同性质的行业，体现出的网站设计风格也不相同。

网页设计的整体风格主要通过图形图像、文字、色彩、版式和动画来体现。

不同领域中网页设计的角度以及方式各有区别。根据网页设计的特殊属性来分析网页风格，大体可以分为平面风格、矢量风格、像素风格和三维风格。

在网页设计的基础上，网页设计者的风格是指运用自己的设计手段，包括自身的审美感受、设计软件的应用能力和对网站设计的敏锐洞察力，建设具有自己独特的设计风格和独特艺术表现力的网站。

三、平面风格

平面风格是二维的设计，其始终基于一个二维的视图来展开设计，侧重于构图、色彩及表达的思维主旨，它可以在有限的页面中表现出无限的空间感。

平面风格的设计在网页设计中是最常见的且最实用的。例如，新闻门户类网站、商业企业类网站、娱乐休闲类网站、教育文化类网站都经常用平面风格来设计网站。

四、网页设计

从网页设计开始被关注至今已经有十余年历史，新的工具、软件被不断开发，技术革新也呈加速度发展，网页设计的编辑不再拘泥于晦涩难懂的代码和命令，操作上更加简单、方便，体验上更加友好、人性化，视觉表现上精彩纷呈，风格各异。

许多优秀的设计师和团队一直致力于最前沿的探索和思考，而设计革新之路却如同时间的尽头，远无边际。作为网页设计的新手，我们在适应现代设计潮流的同时，不妨对现阶段网页设计大致的趋势和风格做些归纳、总结，并灵活运用在自己今后的设计中，只有这样才能跟上时代的步伐，甚至引导潮流，否则将只是外行看热闹而已。

（一）网页布局设计

目前常见的网页布局设计方式有以下几种。

1. 静态布局

静态布局又称为传统 Web 设计，在页面设计之初，设计者都是按照预先设定的计算机尺寸来设置的。在遇到显示终端屏幕大小不同时，能通过横向或纵向的滚动条拖动实现完整浏览。

2. 自适应布局

自适应布局是一种分别为不同分辨率的屏幕设置的布局。其特点是我们看到的页面在不同的屏幕下显示出来的元素位置是不同的，它们会自动适应屏幕显示比例，但元素大小保持不变。自适应布局是静态布局的延伸版。

3. 响应式布局

响应式布局是指页面元素可以随着不同尺寸和分辨率的显示器自动适配。响应式网页布局所具备的良好的适应性和可塑性是如今大量新设备作为显示终端的必然发展趋势，这种设计趋势可以使网页无论在智能手机还是 iPad，或者宽屏计算机上都能达到最好的视觉效果。

响应式布局与传统设计的理念和技术有很大差异，是未来网页设计发展的新方向。当然，值得注意的是，由于5G网络普及程度不够、网速慢等诸多原因，导致国内能够直接做响应式布局设计的客户还不多。根据“5秒原则”，用户5秒内打不开一个网站就会选择关闭。而通常来讲，响应式网站会耗用较长的时间加载，所以，国内大多数网站采用的还是计算机和移动设备显示终端分开设计的方式。

（二）视差滚动设计

视差滚动设计（Parallax Scrolling Design）是指让网站上的页面用多层背景以不同的速度移动，从而形成一种视觉上的3D空间运动效果，引导用户完成响应的交互体验。这在网页视觉显示上可以说是独树一帜、另辟蹊径的做法，但效果非常独特、有趣，是近年来网页设计中备受推崇的一种设计。

我们来看看The Capitol的网站设计，它是基于《饥饿游戏》主题来进行设计的。网站风格独特，用色大胆，大量使用的冷色调与网站高冷的调性一致。网站整体设计并不复杂，亮点在于它使用了视差滚动的设计。网站使用大量的信息、视频和其他内容让用户与之互动，使之感觉仿佛置身于电影之中。

（三）无限滚动加载

无限滚动加载被形象地称为瀑布流分页模式。这种无限图片滚动加载的效果靠插件jQuery实现，整个网页内容再多也无须鼠标拖动滚动条来浏览。例如，人流量很大的一些公众网站，视觉表现为参差不齐的多栏布局，随着页面滚动条向下滚动，这种布局会不断加载数据块并附加至当前尾部，用户只需轻轻滑动鼠标就能实现图片的全部阅览，几乎不用任何其他操作，这将鼓励访客在网站停留更长的时间，这是近两年比较流行的一种网站页面布局形式。最早采用此布局的网站是Pinterest。国内有名的花瓣网也是采用这样的加载技术来实现的。

（四）全屏大图设计

随着网速的不断提升，网站里面的全屏大图设计越来越普遍，大图的视觉冲击比零散的小元素组合在吸引用户的效果上占有绝对优势。从国内客户对网站设计的要求分析来看，这一类注重视觉表现效果的网站多用于摄影团队、个人作品集展示、艺术设计，或者塑造企业文化品牌形象类主题。这种设计主要以摄影图片或经过合成特效的图片展示为主，以少量的文字进行配合，对页面进行精心布局、排版，同时对色彩的运用也能恰到好处，这也是视觉设计在网站中越来越重要的趋势体现。

（五）扁平化模式

扁平化模式并不是把立体效果压扁，而是在设计时反其道而行之，丢弃复杂的装饰性的设计，削弱厚重的图片阴影效果，使用细微的纹理、纯色微渐变以及简洁的设计布局和符号化元素的排版。有人形容说这类设计类似于“Windows 8 和 Metro UI”的界面。扁平化的概念最核心的地方就是让“信息”本身重新作为核心被突显出来，提倡极简美学的设计理论。可以说，扁平化模式是对之前所推崇的拟物化设计的颠覆。在视觉装饰大行其道的今天，这种另辟蹊径的做法突显了一种新的设计思维。

（六）三维动态效果

三维动态效果在视觉上对网页设计提出了更高的要求。随着以介绍产品为主题的网站的爆炸式增长，在产品介绍时通过三维技术进行效果演示越来越普遍，但其在技术门槛上的要求也相对较高，所以发展速度相对缓慢。网页设计三维动效在技术上包含 UI（界面）设计与交互设计、工业造型与渲染、视频剪辑以及 HTML5 等跨专业技术融合。

随着技术的不断革新，三维动态效果在执行上有多种选择。既可以通过 WebGL 技术实现，又可以编辑代码执行动态行为（如 HTML5 的应用），既可以直接插入视频文件播放，又可以利用多角度的系列图片剪辑而成，还可以通过一些动画软件，如 Flash 等进行设计。

第三节　网页设计中的图像处理技术

在信息化社会中，人们的生产、生活、学习、工作等都离不开信息设备及网络的支持。社会各界对于网络宣传方式的接受度及认可度越来越高。在网页设计中应用计算机图像处理技术，可以提高网页的艺术性，使其更具吸引力，网络宣传的效果将会明显提升，有利于推动商业等其他行业的发展。笔者结合自己的工作经验，首先分析了网页设计中应用图像处理技术以及应用该技术的优势，然后重点分析了目前图像处理技术在网页设计中的应用情况，希望能够对相关行业的发展起到一定的推进作用。

一、计算机图像处理技术

（一）降噪处理

利用计算机对网页设计中的图像进行处理时，图像的降噪处理是必需的，也是非常重要的，图像如果没有进行降噪处理，就无法满足网页图像的要求，会直接影响网页的浏览量。所以，图像处理技术对于网页设计工作来说是十分关键的，特别是图像经过降噪处理后，可以提高网页图像的画面质量，吸引更多人浏览网页。

（二）增强处理

对网页设计中的图像进行增强处理，并不是要进行全部处理，而是有针对性地对图像进行处理，避免网页中出现过多的无价值信息，否则将会对浏览者观看信息产生影响，还会影响图像在网页中的合理运用。在网页图像处理过程中，网页图像增强是最常用的一个方法，可以提高图像画质的清晰度，为浏览者观看提供便利。对图像进行增强处理的目的主要是突出图像画质，特别是在文字信息较少的基础上将网页图像中的重点内容凸显出来。

（三）压缩处理

对于网页设计来说，压缩图像是很重要的。图像压缩后可以实现图像快速、正常加载，让人们在对网页进行浏览时，不会因为图像过大而出现图像损毁的现象。

二、在网页设计中应用图像处理技术的优势

应用图像处理技术在网页设计中有显著的优势，主要体现在再现效果好、处理精度高、处理技术的适用面进一步拓宽。

（一）再现效果好

传统的图像处理技术应用到网页设计中，可以借助数字化技术准确将原图显示出来，利用相应的图像处理来保证图像的形状一直保持在原始状态。计算机图像处理技术的各项功能在实施的过程中，都不会损坏图像的质量，比如存储功能、传输功能、在线功能等。所以说，计算机图像处理技术可以保证图像的处理效果，同时也能保证图像的再现效果。

（二）处理精度高

随着信息技术的不断完善，计算机图像处理技术也在不断成熟，特别是在图像处理精度上，现阶段的图像处理技术已经改变了传统的模拟图像处理方法，实现了二维序列处理方法，二维序列处理方法的操作与实施都十分简便，大大降低了工作人员的工作量及工作难度。随着科技的快速发展，计算机中每一个像素的量化灰度都得到了显著提高，目前已经实现了 16 位甚至更多位，大大提高了图像数字的精度，为开展计算机图像处理工作提供了便利。

（三）处理技术的适用面进一步拓宽

在日常生活中，可见图像与不可见光谱图像是两种形式的图像信息源。各种图像的信息源拥有广泛的适用范围，比如天文望远镜图像、航拍照片、显微镜下的图像等。不同的图像大小和图像信息源中所呈现的物体比例存在相对应的关系。当信息在不同的源实现转换成为数字编码后，就能够由二维阵列代表的灰度图像组成，应用计算机的图像处理技术可以更好地完成这些工作。在处理不同图像信息源的过程中，必须获得对应的图像信，相关工作人员可以更好地进行处理，图像数字处理方式适用于各种类型的图像处理工作。

三、计算机图像处理技术在网页设计中的应用

计算机图像处理技术在网页设计中的应用主要表现在4个方面：控制网页设计中的图像大小、对图像的角色和职责进行合理分配、将图像在网站中的标志性作用发挥出来以及运用不同的图像形式。

（一）控制网页设计中的图像大小

工作人员合理应用计算机图像处理技术，可以有效控制网页设计中的图像大小。第一，计算机的屏幕大小是有限的，无论是屏幕的长度，还是屏幕的宽度都是固定的。计算机网页设计中的图像大小也是相对固定的，不能随意改变，换句话说，在对网页进行页面设计时，图像的大小是不能大于计算机屏幕长度的。第二，在设计Web的过程中，图像大小和图像清晰度也是存在紧密关联的，如果没有合理使用图像处理技术，会导致图像过大，与设计目标的要求不一致，那么图像的清晰度也会受到影响。所以，对于网页设计来说，图像的尺寸的把握以及图像清晰度的把握是非常关键的。过于强调图像的高清晰度，就可能会影响网页的运行负荷，甚至还会影响网页的浏览效果、JPEG图像的处理技术。对图像加载速度以及Web浏览效果进行平衡的目的，主要是为了确保网页的浏览效果及网页质量。

（二）对图像的角色和职责进行合理分配

在网页设计中，图像发挥着不同的作用，具有各种各样的职位、规模、责任。不同的网页风格，会对图像提出不同的要求。比如，当网页风格为真实风格时，需要配以更多真实的图片；当网页风格成为浪漫风格时，则需要配以更加漂亮、温暖的图片来对网页风格进行渲染。作为网页设计者，首先要了解网页的风格，然后根据网页风格特点选择图片，为网页增添色彩。网页中图像的功能也是各不相同的，比如：背景、标记或者直接代表网页的内容。如果图像作为背景出现在网页中，就必须借助其他文本丰富网页内容，恰当应用文本可以更好地对图像进行解释，也能让网页浏览者对网页的印象更加深刻，在网页设计中，网页的背景是非常重要的。设计工作者可以利用比较小的插图或者一些线形图对页面背景进行调整修改，进而更好地体现网页设计的整体风格。比如：企业在设计网站时，会将企业标识放在网站主页上最突出的位置。这样可以让浏览者加深对企业的印象，帮助企业更好地开展宣传工作，让企业收获更多的宣传效益。

（三）发挥图像在网站中的标志性作用

在浏览网页的过程中，每个页面都会出现一些非常吸引人的图像，这些图像会激发浏览者网页的兴趣。在网页页面中插入图像可以有效增加浏览页面的数量，还可以帮助浏览者更好地解读网页的内容，加大他们的思维量。所以，采用图片方式来实现网站的填充，设计人员要对图片进行仔细挑选，主要考虑图片内容是否可以将文本内容全面表现出来。

传统的宣传方式是以图像来表达宣传内容的，这样的宣传方式会给人们的视觉带来冲击，让人们更加直观地理解宣传内容。

（四）运用不同的图像形式

1. 摄影图片

在诸多类型的图片中，摄影画面是非常重要的一种，具有直观、逼真、生动等优势，可以将观众快速带入具体的画面情境中。站在观众的角度来分析，摄影画面也是接受度最高的图画形式。借助计算机处理技术，把摄影图像和具体的词语进行结合，可以让观赏者看到不同的画面，满足观赏者的审美需要。但是，在应用摄影图片时，会存在单张图片令网页变得粗糙、单调的问题，无法呈现给观众良好的画面，会对网页效果产生不利影响。所以，设计者在设计中要应用多种图像形式，确保网页内容丰富，同时也要突出网页的主题。

2. 插图

在网页设计中，插图也是一种常见的设计形式。在设计 Web 的过程中，插图主要被用来表示文本。从内容上看，插图可以是抽象的艺术图画，也可以是生动地写实，设计者在结合网页需要的基础上选择插图。在网页设计中，对图形符号进行应用，可以对网页进行装饰，提高网页的美感，对网页画面进行丰富。

开展网页设计工作需要计算机图像处理技术提供支持，合理利用图像处理技术可以提高网页的美感，增加网页内容的丰富性，确保网页设计的质量与效果，网页的浏览量自然也会显著上升。随着信息技术的不断进步，计算机图像处理技术也会越来越成熟，其功能也会越来越强大，不仅能够为网页设计者开展工作提供更多的便利，还能更好地满足网页浏览者的要求。

第七章　网页的色彩选择与搭配

第一节　网页色彩的色调组合

一、色调概述

色调是指设计色彩外观的基本倾向或者总体趋向。色调指的不是色彩的性质，而是对网页设计的整体色彩的概括评价。在明度、纯度、色相这三个要素中，哪种因素起主导作用，就称为该种色调。通常可以从色相、明度、冷暖、纯度四个方面来定义网页设计色彩的色调，见表 7-1。

表 7-1　网页色彩的色调

色调的划分	色调的性质
按冷暖划分	暖色调与冷色调：红色、橙色、黄色称为暖色调，象征太阳、火焰；绿色、蓝色、黑色称为冷色调，象征森林、大海、蓝天；灰色、紫色、白色称为中间色调。冷色调的亮度越高，其整体感觉越偏暖；暖色调的亮度越高，其整体感觉越偏冷
按色相划分	红色调、蓝色调
按纯度划分	鲜色调、浊色调、清色调
按明度与纯度结合划分	淡色调、浅色调、中间色调、深色调、暗色调等

颜色最饱和，即纯度最高的色叫做纯色，属鲜亮色调。纯色中加白色后，出现亮色调、浅色调和淡色调；纯色中加黑色会出现深色调和黑暗色调。

在网页设计的整体色调中，根据视觉焦点的主次位置可分为以下几个概念：

①主色调：网页色彩的主要色调、总的趋势，其他配色不能超过主色调的视觉面积。

②辅色调：仅次于主色调的配色，是烘托主色调的副主色调。

③点睛色：用强烈而小范围的颜色突出主题的效果，使网页更加鲜亮动人。

④背景色：环绕或包围在主色调周围，用于协调、衬托主色调的色调。

二、色彩的对比

对比意味着色彩的差别，差别越大，对比越强；反之，差别越小，对比越弱。在色彩关系上，有强对比与弱对比的区分，如红与绿、蓝与橙、黄与紫三组补色，就是最强的对比色。如果逐步加入等量的白色，就会在提高其明度的同时，减弱其纯度，成为带粉的红绿、黄紫、橙蓝，形成弱对比；如果逐步加入等量的黑色，就会减弱其明度和纯度，形成弱对比。在色彩的对比中，减弱一种颜色的纯度或明度，会使它失去原来色相的个性，两色对比程度会减弱，以致趋于调和状态。

色彩的对比主要包括色相对比、明度对比、纯度对比、冷暖对比和面积对此等。

（一）色相对比

色相对比是指色相之间的差异所形成的对比。在确定主色相后，需要考虑其他色彩与主色相的关系、表现的内容和效果等，才能确定和增强主色相的表现能力。

色相环中的各色之间可以有相邻色、类似色、中差色、对比色、互补色等多种对比关系。不同色相取得的效果不同，两种色相越接近，对比效果越不明显而显柔和；两种色相越接近补色，对比效果越明显而强烈。

（二）明度对比

明度对比是指色彩之间因明暗程度的差别而形成的对比。明度对比可分为彩色差的明度对比及非彩色差的明度对比。明度对比常用在黑、白、灰效果的页面构成上，是非彩色差明度对比的主要手段。

明度对比在视觉上对色彩层次和空间关系影响较大，如柠檬黄的明度高，蓝紫色的明度低，橙色和绿色属中明度，红色与蓝色属中低明度。

根据色彩的明度变化，可以形成各种等级，大致可分成高明度色、中明度色和低明度色三类。

明度对比与情感表达也有直接的关系。例如，高明度与低明度色形成的强对比具有振奋感，富有生气；明度对比相对较弱，没有强烈反差，色调之间有融合感，可反映安定、平静、优雅的情调；色调对比模糊不清、朦胧含蓄，会产生玄妙感和神秘感。

（三）纯度对比

纯度对比是指色彩的鲜明与混浊的对比。运用不鲜明的低纯度色彩作为衬托色，鲜明色就会显得更加强烈夺目。如果将纯度相同、色面积也差不多的红绿两对比色并列在一起，不但不能加强其色彩效果，反而会互相减弱。高纯度的色彩有向前突出的视觉特性，低纯度的色彩则相反。相同的颜色在不同的空间距离中可以产生纯度的差异与对比。在同一个页面中，以纯度的弱对比为主的色调是优雅的，所表达的感情基本上是宁静的；相反，纯度的强对比，则具有振奋、活跃的感情色彩。

（四）冷暖对比

色彩的冷暖感是来自人的生理和心理感受的生活经历。因此，色彩要素中的冷暖对比特别能发挥色彩的感染力。色彩冷暖倾向是相对的，要在两个色彩相对比的情况下显示出来。另外，色彩的冷暖对比还受明度与纯度的影响，白光反射高而感觉冷，黑色吸收率高而感觉暖。

冷暖对比有各种形式，如用暖色调的背景环境衬托冷色调的主体物；或者以冷色调的背景环境衬托暖色调的主体物；或者以冷暖色调的交替，使画面色彩起伏．具有节奏感。

初学者通常较容易使两色相互排斥，导致画面色调不谐调。

一般采用以下两种方法进行调和。

1. 面积调整

将冷暖对比的主次色彩进行面积区分，根据设计主题的需要，在画面上以其中一方为主色，控制画面基调，其他颜色缩小使用面积，使主次关系突出，统一而富有变化。

2. 纯度调整

降低冷暖色调的纯度，用明度的变化来调整画面的层次，或者加入补色，能起到很好的协调效果。

（五）面积对比

色彩的面积大多是采用色相单纯的平面色块表现，结合色块的形状，通过适当地穿插，形成强弱、起伏的节奏效果。同一种色彩，面积越大，其明度和纯度也就越高，反之其明度和纯度越低。当色彩的面积大时，亮的色彩显得更轻，暗的色彩显得更重。

面积对比是指页面中色彩在面积上的多少、大小的差别，这种差别直接影响到页面的主次关系和主色调。

面积对比既可以是高、中、低明度差的面积变化，也可以是高、中、低纯度差的面积变化。

三、色彩的调和

色彩的调和，就是色彩性质的近似，是指有差别的、对比的以致不协调的色彩关系，经过调配、整理、组合、安排，使画面整体呈现和谐、稳定和统一的视觉效果。获得调和的基本方法，主要是减弱色彩诸要素的对比强度，使色彩关系趋向近似，而产生调和效果。色彩的调和是人们追求视觉上的统一，并达到心理上的平衡的重要设计手段。

色彩的对比与调和是互为依存的、矛盾统一的两个方面，是获得色彩美感和表达主题思想与感情的重要手段。在一个画面中，根据表现主题的不同要求，色调可以以对比因素为主，也可以以调和因素为主。在感情的反应上，一般积极、愉快、刺激、振奋、活泼、辉煌、丰富等情调是以对比为主的色调来表现的；舒畅、静寂、含蓄、柔美、朴素、软弱、优雅、沉默等情调，宜用调和为主的色调来表现。

色彩调和主要通过以下几种方式来实现。

（一）同种色调和

同种色调和是指任何一种基本色逐渐调入白色或黑色，可以产生单纯的明度变化的系列色相。这种趋向明亮或深暗的不同层次的颜色称为同种色，有极度调和的性质。如果一组对比色，双方同时混入白色或黑色，纯度都会降低，色相个性会削弱，加强了调和感。

将色相相同而明度和纯度不同的色彩进行调和，可以消除色彩的单一效果，会产生有节奏的韵律感和秩序感。

（二）类似色调和

在色相环中，色相越靠近，其色彩就越调和，这是类似色之间通过共同的色彩产生的效果。

（三）对比色调和

对比色的两色如混入同一复色，即含灰的色彩，那么对比各色就会向混入的复色靠拢，色相、明度、纯度、冷暖都趋向接近，对比的刺激因素因而减弱或消失。调和效果的加强与混入色量成正比。

对比色的两色如一色混入另一色的色彩，或两色互相混入对方的色彩，可缩小差别，减弱，趋向调和。

两个不调和的对比色之间加入一个与两个对比色都能协调的色彩，就可以使不协调的两个对比色协调起来。例如．在红绿对比色中，加入与红绿都能调和的黄色，红绿的对比强度就会减弱，而趋向调和。

（四）渐变色调和

渐变色调和是指按照色彩的层次逐渐变化的过程，类似两种色彩之间的混色。亮色和暗色之间的渐变效果会产生空间上的距离感和二维的视觉效果。

第二节　网页的配色方法

一、网页配色基础

色彩是影响人眼视觉最重要的因素，色彩不同的网页给人的感觉会有很大差异。网页的色彩处理得好，可以锦上添花，达到事半功倍的效果。本节将对网页配色进行详细讲解。

（一）认识色彩

色彩在网页配色中通常分为主题色、辅助色、点睛色三类，下面对色彩的三种分类进行详解介绍。

1. 主题色

主题色是网页中最主要的颜色，网页中占面积较大的颜色、装饰图形颜色或者主要模块使用的颜色一般都是主题色。在网页配色中，主题色是配色的中心色，是由页面中整体栏目或中心图像所形成的中等面积的色块为主。

2. 辅助色

一个网站页面通常存在不止一种颜色，除了具有视觉中心作用的主题色之外，还有作为呼应主题色而产生的辅助色。辅助色的作用是使页面配色更完美更丰富。辅助色的视觉重要性和体积仅次于主题色，常常用于陪衬主题色，以使主题色更突出。

3. 点睛色

点睛色通常用来打破单调的网页整体效果，营造生动的网页空间氛围。所以在网页设计中通常采用对比强烈或较为鲜艳的颜色。通常在网页设计中，点睛色的应用面积越小，色彩越强，效果越突出。

（二）色彩三属性

色彩三属性是指色相、饱和度、明度，任何一种颜色具备这三种属性，下面进行具体介绍：

1. 色相

色相是色彩的首要特征，是区别各种不同色彩的最准确的标准。在不同波长的光的照射下，人眼会感觉到不同的颜色，如蓝色、红色等。

2. 饱和度

饱和度也称“纯度”，是指色彩的鲜艳度。饱和度越最高，颜色越纯，色彩越鲜明。一旦与其他颜色进行混合，颜色的饱和度就会下降，色彩就会变暗、变淡。当颜色饱和度降到最低时就会失去色相，变为无彩色（黑、白、灰）。

3. 明度

明度是指色彩光亮的程度，所有颜色都有不同程度的光亮。色彩明度的变化往往会影响纯度，例如，红色加入白色后，明度提高了，纯度却会降低。

二、网页安全色

网页安全色是各种浏览器、各种机器都可以无损失、无偏差输出的色彩集合，即使用安全色可以解决不同浏览器之间的色差问题。使用网页安全色进行网页设计配色，可以避免原有的颜色失真问题，否则在浏览器内置的调色板中没有该种颜色的时候，就会利用与目标最相近的颜色进行替换。目前能解决这个问题的是 216 种网页安全色，所以常说的网页安全色就是这 216 种网页安全色。

当浏览器没有该种颜色的时候将会发生的颜色替换，造成的后果就是网页浏览者看到的网页原貌已经面目全非，无法体现网页设计师的设计初衷。

那么，216 种 Web 色之外的颜色为什么不安全呢？在 256 色的显示系统中，计算机会用这 216 种 Web 色和 40 种系统定义的颜色组成一个 256 色的调色板，其他的颜色都利用调色板中的颜色配合抖动技术来模拟，因此只有调色板中的颜色会被真正地显示出来。因为在不同的显示系统中，40 种系统定义的颜色不同，所以只有这 216 种网页安全色在任何终端浏览用户显示设备上的显示效果是相同的。

既然现在几乎所有能上网的电脑都支持真彩色了，那么网页安全色是否可以遗弃了呢？一方面，网页安全色等于把真彩色做了极其精练的概括，为网页配色提供了方便，很多网页配色方案都是在此基础上确立起来的；另一方面，由于网页安全色在互联网的发展过程中扮演了重要的角色，已经形成了一种特有的风格和习惯，不可能被轻易遗弃。所以，透彻地了解网页安全色这一概念，有助于网页设计师更好地操控颜色，以传达网站想展示的主题。

三、常用的网页色彩模式

常用的网页色彩模式有 RGB 色彩模式、Indexed 色彩模式等。

（一）RGB 色彩模式

现在的显示器一般采用 RGB（Red Green Blue）模式表示色彩，RGB 也是色彩空间最常用的色彩模式。

RGB 模式以 RGB 色彩模型为基础，混以不同的红色、绿色、蓝色来实现不同的颜色。一般的颜色都被用红、绿、蓝三种颜色以 0 ～ 255 的数值来表示。其中，0 表示没有该种颜色，255 表示加入纯粹的颜色。这三种颜色以不同的数值混合出不同的颜色，包括黑色、白色和不同灰度值的灰色。三种颜色的数值若都为 0 则混合为黑色；数值若都为 255 则混合为白色；数值若都相等并且不为 0 或 255，则混合为不同值的灰色。

通常 JPEG 格式的图片都采用 RGB 色彩模式。

（二）Indexed 色彩模式

Indexed 色彩模式，即索引颜色的模式，在这种模式中，只能存储 8bit 的色彩深度的数值。也就是说，Indexed 色彩此类图像只能有 256 种颜色，而且这些颜色已经被预定义好了。

Indexed 色彩模式可以运用在网页和其他基于计算机的多媒体显示中。通过对颜色种类的限制，可以有效地减小图像文件的大小，适合网页的快速浏览或者丝网印刷。

众所周知的 GIF 文件就是 256 色的图像格式。

四、网页设计中选用色彩的基本原则

（一）色彩整体风格统一

网页设计中各种色彩包括主色调、辅助色、点睛色，通过调和获得整体统一的色彩搭配。而色彩的整体是否协调，可以从色相的颜色、色性的冷暖、明度的明暗、纯度的高低等相互搭配组合来判断。通常需要根据页面的主题和所要表达的情感来进行相应的选择。

（二）色彩风格的适用性

网页设计师通常根据网页表现的不同内容而选择最适合的颜色。不同类型的网页需要不同的色彩来表现，使其内容和形式相统一，符合人们日常的认知习惯。例如，医学网页一般适用白色和较为安静的颜色；环境网页一般采用自然界比较多的绿色或者蓝色等；食品网页一般采用比较容易刺激人们食欲的颜色；女性网页一般采用柔美的颜色，如粉色等；男性网页采用刚毅和质地较硬的颜色，如黑色等。

（三）色彩风格的特色鲜明

通过对各种色相不同属性的选择，大胆突破并追求特色和个性特征，尽可能避免与其他同类设计的雷同并不失整体风格和适用性。

符合网页主题的要求，使得色彩的运用发挥独特的艺术魅力和美感，设计一个与众不同的网页。

五、网页设计中色彩的作用

（一）功能区域划分

根据网页各个区域的功能不同，通过色彩的变化来划分区域，加深不同功能区域的划分，给浏览者一个醒目的视觉效果。

（二）主次关系引导

色彩的面积大小和位置的不同可以影响色彩的主次关系。

（三）情绪气氛的营造

通过对色彩的合理运用，可以营造网页主题的场景空间和气氛。

第三节　实用的网页配色方案

一、色彩的情感象征

色彩的情感象征是指从心理学的角度研究色彩的情感和表现力。

不同的色彩能给人们带来不同的感受，使人们产生不同的情感联想。这些联想是人们主观的生理因素和心理因素作用的结果。人们在与自然界的物体所呈现的色彩反复接触之后，会在大脑中留下一定的印象，形成不同的感受。但是色彩的情感并不是绝对的，它会受到许多主客观条件的制约，如不同的民族、不同的国家、不同的风俗习惯、不同的宗教信仰的人会因个人的性别、年龄、文化修养、文化程度及其对色彩的偏爱等不同，对色彩的情感联想也各不相同。所以，色彩联想是相对的，在进行画面色彩构成时，网页设计师对情感色彩的设计要灵活运用，应该用心灵去体验、去感受客观世界中色彩的情感，设计出富有情感内涵的、优秀的网页作品。

在网页设计中，网页设计师是设计主体，是主宰和控制色彩以达到感情激发与传播的先决条件，而浏览者则因受到网页设计师所设计的色彩及营造的艺术氛围的感染，进而产生一系列的心理活动。例如，一幅画面中有充满张力、跳跃感的大红色块，会使人产生热烈、热情、温暖、激动、向上或前进等心理活动。网页设计师在考虑用色和进行色彩搭配时，首先要理解色彩的使用是否有促进主体的感情形成、升华画面艺术意境、丰富艺术意蕴的作用。也就是说，网页设计师在进行网页设计时，不仅要选择和控制色彩，还要注意控制或张扬色彩所特有的感情。

无论是网页设计师还是浏览者，在感受客观的色彩时，都会自然地产生联想、记忆、思绪和情感等一系列的心理活动。

在整个色彩体系里，有暖色系、中性色、冷色系和消色四个类别的常用色。当人眼视网膜感觉到时，因为不同的色彩会使人的心理产生不同的情绪，所以在进行网页设计时，画面的色彩构成就要参照和考虑色彩所具有的某些象征性的情感含义。

二、色彩情感象征属性实例分析

下面根据红色、橙色、黄色、绿色、黑色、白色等颜色，对色彩的情感象征属性举实例分析。

（一）热情的红色

在众多颜色中，红色是最鲜明生动、最热烈的颜色，是代表热情的情感之色。红色的色感温暖，性格刚烈而外向，是一种对人刺激性很强的颜色。红色容易引起人的注意，使人感到兴奋、激动、紧张、冲动。另外，红色还是一种容易造成人视觉疲劳的颜色。

红色在不同的明度、纯度（如粉红、红、深红等）下表达的情感有不同的感觉。

在网页颜色的应用中，根据网页主题内容的需求，纯粹使用红色作为主色调的网站相对较少，通常都配以其他颜色调和。红色多用于辅助色、点睛色，达到陪衬、醒目的效果。

红色相对于其他颜色，视觉传递速度最快。由于以上的这些红色传达出的特性，因此人们喜欢用红色作为警示标志的颜色，如消防、惊叹号、错误提示等。

1. 粉红色

粉红色主要是红色系中明度的高亮度的变化。

由主色调和辅助色调数值对比可知：主色调混合的 G 的分量较多且明度较高，因此纯度较低，色调柔和，在框架区域内较适合做类似背景色的辅助性位置。辅助色 R 数值比主色调 R 的数值稍高，红色性稍明显，加入的 G 相对少，B 明度稍低，因此相对纯度要高，辅助色位置应用在框架区域的导航栏位置，起突出导航栏的作用。点睛色起突出标志及购物主体的作用。

鲜艳的粉红色充满了柔情和诱惑，一般以粉红色为主色调的多适用于女性、化妆品和女性服饰等网站。

2. 红色

背景色为鲜艳的红色，搭配前景色为明度较高的黄色，给人以强烈的视觉刺激，多用于食品、休闲时尚的网站。

3. 深红色

深红色是在原始红色的基础上降低明度，通过红色系中的明度变化获得的。

这类颜色的组合随着明度的变暗，比较容易制造深邃、幽怨的背景氛围，传达的是稳重、成熟、高贵、消极的视觉效果。

从数值上来看，主色调（背景色）的饱和度较高，但是由于降低了明度，颜色变得较沉稳，常作为辅助色。RGB 添加了适量的其他颜色，G 和 B 的数值区别不大，因此饱和度降低，颜色趋于柔和、稳定。点睛色的加入使页面视觉效果强化。

（二）华丽的橙色

在整个色谱里，橙色具有兴奋度，是最耀眼的色彩，给人以华贵而温暖、兴奋而热烈的感觉，是令人振奋的颜色。橙色具有轻快、欢欣、收获、温馨、时尚的效果，是快乐、喜悦、能量的色彩。橙色具有健康、富有活力、勇敢、自由等象征意义，能给人以庄严、尊贵、神秘等感觉。橙色在空气中的穿透力仅次于红色，也是容易造成视觉疲劳的一种颜色。

在网页颜色里，橙色适用于视觉要求较高的时尚网站，属于注目、芳香的颜色，也常被用于味觉较高的食品网站，是容易引起食欲的颜色。

1. 橙色

纯度较高的橙色通过白色作为辅助色，其他一些颜色作为点睛色，使得网站显得明快而协调，表现为一种清爽而时尚的视觉效果。

2. 淡橙色

明度较高的橙色配以其他邻近色，给人以简洁明快的视觉效果，传达的是愉悦、和谐、温柔的视觉效果。

3. 橙红色

橙红色是在橙色的基础上加入少许邻近色——红色，整体上降低了明度。红色本身较橙色明度低，因此这里橙红色的明度呈现出较低状态。

前景色通常较明显地区别于背景色，达到台前的宣传目的。当饱和度较低的前景色与背景色变化不明显时，形成的是另外一种柔和统一的视觉效果。

（三）明快的黄色

黄色是阳光的色彩，具有活泼、轻快的特点，给人十分年轻的感觉，象征光明、希望、高贵、愉快：浅黄色代表柔弱，灰黄色代表病态。黄色的亮度最高，与其他颜色搭配很活泼，有温暖感，具有快乐、希望、智慧、轻快、有希望与功名等象征意义。黄色代表着土地，象征着权力，并且具有神秘色彩。

黄色给人性格冷漠、高傲、敏感、具有扩张和不安宁的视觉效果。

1. 浅黄色

浅黄色代表明朗、愉快、希望、发展，富有雅致、清爽属性，较适用于女性及化妆品类网站。

2. 黄色

黄色给人崇高、尊贵、辉煌、注意、扩张的视觉效果。

3. 深黄色

深黄色给人高贵、温和、内敛、稳重的视觉效果。

（四）活力的绿色

绿色介于黄色和蓝色（冷暖）之间，属于较中庸的颜色。绿色代表的性格最为平和、安稳、大度、宽容，表现为一种柔顺、恬静、满足、优美、受欢迎之色，是网页中使用非常广泛的颜色之一。

绿色与人类息息相关，代表的是永恒的欣欣向荣的自然之色，象征生命与希望，充满了青春活力。此外，绿色还象征着和平与安全、发展与生机、舒适与安宁、松弛与休息，有缓解眼部疲劳的作用。

绿色本身具有一定的与自然、健康相关的感觉，常用于与自然、健康相关的站点，以及一些企业的公关站点或教育站点。

1. 浅绿色

浅绿色的主色调传达了一种优雅、休闲、和谐和宁静柔和的视觉效果，从视觉角度浏览者长期浏览也不会感觉视觉疲劳。

2. 绿色

绿色的主色调配以黄绿色的配色，使浏览者感受到大自然的和谐和安宁，使得心情变得格外明朗。

3. 深绿色

深绿色的主色调给人一种成熟稳重、茂盛生命的视觉效果，使人心情开朗、健康。

（五）神秘的黑色

黑色是暗色，是纯度、色相、明度最低的非彩色，象征着力量，有时感觉沉默、虚空，有时感觉庄严、肃穆，有时又意味着不吉祥和罪恶。自古以来，世界各地人民都公认黑色代表死亡、悲哀。黑色具有能吸收光线的特性，给人一种变幻无常的感觉。

黑色能和许多色彩构成良好的对比调和关系，运用范围很广。黑色也常用来表示英俊的男人。

黑色给人以黑暗、深沉、神秘、严肃、寂静、悲哀、压抑、刚毅、坚实的视觉感受，是最常用的搭配色，常用于服装、音乐、个人等具有较强个性色彩的网站。

（六）纯洁的白色

白色是明度最高的非彩色，是一种亮色，是非常显眼的色彩之一。白色代表的性格朴实、纯洁、快乐，象征着纯粹、朴素、高雅等。

作为非彩色，白色与黑色一样，可以与各种色彩搭配，构成明快的对比调和的关系，与鲜艳的色彩搭配显得更清朗、富有活力。

通常在网页设计的过程中，如果感觉整个页面略显沉闷，可以加入白色调和，作为点睛色。

白色给人以纯洁、清洁、朴素、高雅、明快、神圣的视觉效果。

第八章　Flash 动画设计与交互设计

第一节　Flash 网页动画设计

一、Flash 介绍

在今天，利用 Flash 不仅可以设计出漂亮的动画，而且还可以通过程序设计，实现复杂的交互功能。在通常情况下 Flash 已经成为多媒体集成工具的一种标准，特别是在网络环境下，充分展现出其小巧、性能卓越的特点。其主要能够完成：

①基于网络的广告、宣传片的设计与制作；

②多媒体集成工具，多媒体光盘出版；

③基于 ActionScript 的程序设计；

④作为网络视频标准；

⑤制作网络小游戏；

⑥ MTV 及整站系统开发。

二、基本概念

Flash 具有三要素，比较形象的说法是舞台、演员和导演。

舞台：Flash 也称为 Flash 动画或 Flash 影片，相应的就有舞台之称，它是编辑画面的矩形区域。

演员：动画中的角色。我们不妨把这些运动的对象比作“演员”：临时演员——绘制的形状、添加的文字等；正式演员——元件或从外部导入的对象。

导演：在 Flash 里导演就是时间轴，我们通过时间轴来控制 Flash 动画。时间轴是由帧与图层（用来管理对象）组成的。

在 Flash 中还包括一些其他的重要概念：

Frame（帧）：电影是由一格一格的胶片按照先后顺序播放出来的，由于播放速度较快，看起来就“动”了。动画制作采用的也是这一原理，而这一格一格的胶片就是 Flash 中的

“帧”。“帧”其实就是时间轴上的一个小格，是舞台内容中的一个片段。在默认状态下，除第一帧进行数字标示外，还对 5 的整数倍的帧进行数字标示。

Key Frame（关键帧）：在电影制作中，通常是要制作许多不同的片段，然后将片段连接到一起才能制成电影。对于制作的人来说，每一个片段的开始和结尾都要做上一个标记，这样在看到标记时就知道这一段内容是什么。在 Flash 里，把有标记的帧称为关键帧，它的作用跟电影片段是一样的，除此之外，关键帧还可以让 Flash 识别动作开始和结尾的状态。比如在制作一个动作时，我们将一个开始动作状态和一个结束动作状态分别用关键帧表示，再告诉 Flash 动作的方式，Flash 就可以做成一个连续动作的动画。

Sccnce（场景）：电影需要很多场景，并且每个场景的对象可能都是不同的。与拍电影一样,Flash可以将多个场景中的动作组合成一部连贯的电影。当我们开始要编辑电影时，都是在第一个场景“Scenel”中开始，场景的数量是没有限制的。

Symbol（元件）：元件是指电影的每一个独立的元素，可以是汉字、图形、按钮、电影片段等，就像电影里的演员、道具一样。一般来说，建立一个 Flash 动画之前，先要规划和建立好需要调用的元件，然后在实际制作过程中可以随时使用。

Insiance（实例）：当把一个元件放到舞台或另一个元件中时，就创建了一个该元件的实例，也就是说实例是元件的实际应用。元件的运用可以缩小文档的尺寸，这是因为不管创建了多少个实例，Flash 在文档中只保存一份副本。同样，运用元件可以加快动画播放的速度。

Library Window（库窗口）：用以存放可以重复使用的称为符号的元素。

Layer（图层）：图层可以看成是叠放在一起的透明的胶片，如果层上没有任何东西的话，你就可以透过它直接看到下一层。所以我们可以根据需要，在不同层上编辑不同的动画而互不影响，并在放映时得到合成的效果。

图层有两大特点：除了画有图形或汉字的地方，其他部分都是透明的，也就是说下层的内容可以通过透明的这部分显示出来；图层又是相对独立的，修改其中一层不会影响到其他层。

ActionScript（动作脚本）：ActionScript 是 Flash 的脚本语言，与 JavaScript 相似。ActionScript 是一种面向对象的编程语言。Flash 使用 ActionScript 给电影添加交互性。在简单电影中，Flash 按顺序播放电影中的场景和帧，而在交互电影中，用户可以使用键盘或鼠标与电影交互。例如，可以单击电影中的按钮，然后跳转到电影的不同部分继续播放；可以在表单中输入信息等。使用 ActionScript 可以控制 Flash 电影中的对象，创建导航元素和交互元素，扩展 Flash 创作交互电影和网络应用的能力。

Components（组件）：组件是用户化的通过 ActionScript 控制的动画。

三、Flash 动画及特点

Flash 以流控制技术和矢量技术等为代表，能够将矢量图、位图、音频、动画和深一层交互动作有机地、灵活地结合在一起，从而制作出美观、新奇、交互性强的动画效果。

较传统动画而言，Flash 提供的物体变形和透明技术，使得创建动画更加容易，并为动画设计者的丰富想象提供了实现手段；其交互设计让用户可以随心所欲地控制动画，赋予用户更多的主动权。因此，Flash 动画具有以下特点：

（一）动画短小

Flash 动画受网络资源的制约一般比较短小，但绘制的画面是矢量格式，无论把它放大多少倍都不会失真。

（二）交互性强

Flash 动画具有交互性优势，可以通过单击、选择等动作决定动画的运行过程和结果，是传统动画所无法比拟的。

（三）具传播性

Flash 动画由于文件小、传输速度快、播放采用流式技术的特点，所以在网上供人欣赏和下载，具有较好的广泛传播性。

（四）轻便与灵巧

Flash 动画有崭新的视觉效果，成为一种新时代的艺术表现形式。比传统的动画更加轻便与灵巧。

（五）人力少，成本低

Flash 动画制作的成本非常低，使用 Flash 制作的动画能够大大减少人力、物力资源的消耗。同时，在制作时间上也会大大减少。

四、Flash 动画原理与编辑

Flash 可完成多种多样的动画效果。但最基本的动画类型有五类：逐帧动画、形状补间动画、动画补间动画、遮罩动画、引导线动画。

（一）逐帧动画

1. 逐帧动画的概念和在时间轴上的表现形式

在时间轴上逐帧绘制帧内容称为逐帧动画。由于是一帧一帧地画，所以逐帧动画具有非常大的灵活性，几乎可以表现任何想表现的内容。逐帧动画最适合图像在每一帧中都在变化而不仅是在舞台上移动的复杂动画。逐帧动画增加文件大小的速度比补间动画快得多。

在逐帧动画中，Flash 会存储每个完整帧的值。

（二）创建逐帧动画的几种方法

1. 用导入的静态图片建立逐帧动画

将 JPEG、PNG、GIF 等格式的静态图片连续导入 Flash 中，就会建立一段逐帧动画。

2. 导入序列图像

可以导入 GIF 序列图像、SWF 动画文件等。

3. 绘制矢量逐帧动画

用鼠标或压感笔在场景中一帧帧地画出每一帧内容。

4. 文字逐帧动画

用文字作为每一帧的内容，实现文字跳跃、旋转等特效。

（三）绘图纸介绍

1. 绘图纸的功能

绘图纸是一个帮助定位和编辑动画的辅助功能，这个功能对制作逐帧动画特别有用。通常情况下，Flash 在舞台中一次只能显示动画序列的单个帧，使用绘图纸功能后，就可以在舞台中一次查看多个帧了。

2. 绘图纸各个按钮的介绍

绘图纸外观：按下此按钮后，在时间帧的上方，出现绘图纸外观标记，拉动外观标记的两端，可以扩大或缩小显示范围。

绘图纸外观轮廓：按下此按钮后，场景中显示各帧内容的轮廓线，填充色消失。特别适合观察对象轮廓，另外可以节省系统资源，加快显示过程。

编辑多个帧：按下此按钮后可以显示全部帧内容，并且可以进行“多帧同时编辑”。

修改绘图纸标记：按下此按钮后，弹出的菜单有以下选项：

“始终显示标记”选项：会在时间轴标题中显示绘图纸外观标记，无论绘图纸外观是否打开。

“锚定标记”选项：会将绘图纸外观标记锁定在它们在时间轴标题中的当前位置。通常情况下，绘图纸外观范围是和当前帧的指针以及绘图纸外观标记相关的。通过锚定绘图纸外观标记，可以防止它们随当前帧的指针移动。

“标记范围 2”选项：会在当前帧的两边显示 2 个帧。

“标记范围 5”选项：会在当前帧的两边显示 5 个帧。

“标记整个范围”选项：会在当前帧的两边显示全部帧。

五、形状补间动画

形状补间动画是Flash中非常重要的表现手法之一，它可以创造出各种奇妙的、不可思议的变形效果。

（一）形状补间动画的概念和在时间轴上的表现形式

在Flash的时间轴面板上，在一个特定帧（关键帧）绘制一个矢量形状，然后在另一个特定帧（关键帧）更改该形状或绘制另一个形状，Flash根据这两个关键帧控制更加复杂或罕控制更加复杂或罕的内容创建一个形状变形为另一个形状的动画，这就是“形状补间动画”。

补间形状最适合用简单形状，避免使用有一部分被挖空的形状。形状补间动画可以实现两个图形之间颜色、形状、大小、位置的相互变化，如果使用元件、文字、位图图像，则必须先通过“分离”才能实现变形。

（二）创建形状补间动画的方法

在时间轴面板上动画开始播放的地方创建或选择一个关键帧并设置要开始变形的形状，一般一帧中以一个对象为好，在动画结束处创建或选择一个关键帧并设置要变成的形状，在两个关键帧之间的任意位置单击鼠标右键，在弹出的菜单中选择“创建形状补间”，就建立了“形状补间动画”。

（三）形状补间动画的属性面板

Flash的属性面板随鼠标选定的对象不同而发生相应的变化。

1.“补间”选项

形状补间动画的“补间”选项默认为“形状”，内有“无”“动画”“形状”三个选项，可相互转换。

2.“缓动”选项

该项的值在－100到100之间：

在－100到0的区间内，动画运动的速度从慢到快，朝运动结束的方向加速补间；

在0到100的区间内，动画运动的速度从快到慢，朝运动结束的方向减慢补间。

默认情况下，补间帧之间的变化速率是不变的。

3.“混合”选项

“混合”选项中有两项供选择：

“分布式”选项：创建的动画中间形状比较平滑和不规则。

“角形”选项：创建的动画中间形状保留了明显的角和直线，适合于具有锐化转角和直线的混合形状。

（四）形状补间动画中的形状提示点

在形状补间动画中，若要控制更加复杂或罕见的形状变化，可以使用“形状提示”。形状提示包含从 a 到 z 的字母，用于识别起始形状和结束形状中相对应的点。最多可以使用 26 个形状提示。起始关键帧中的形状提示是黄色的，结束关键帧中的形状提示是绿色的；当不在一条曲线上时为红色。

1. 形状提示的作用

形状提示会标记起始形状和结束形状中相对应的点，Flash 根据形状提示点的位置在计算变形过渡时依一定的规则进行，从而较有效地控制变形过程。

例如，如果要补间一张正在改变表情的脸部图画，可以使用形状提示来标记每只眼睛。这样在形状发生变化时，脸部就不会乱成一团。每只眼睛还都可以辨认，并在转换过程中分别变化。

2. 添加及删除形状提示的方法

在形状补间动画的开始关键帧上单击，执行“修改”→“形状”→“添加形状提示”命令，该帧的形状就会增加一个带有字母 a 的红色圆圈；相应地，在结束关键帧形状中也会出现一个带有字母 a 的红色圆圈。用鼠标左键单击并分别按住这两个“提示圆圈”，在适当位置安放，安放成功后，开始关键帧上的提示圆圈变为黄色，结束关键帧上的提示圆圈变为绿色；安放不成功或不在一条曲线上时，提示圆圈颜色不变，仍为红色。

删除所有的形状提示可以通过选择“修改形状”A“删除所有提示”来完成。删除单个形状提示，在形状提示上单击右键，在弹出的菜单中选择“删除提示”即可。

3. 获得形状补间最佳效果须遵循的准则

在复杂的形状补间中，需要创建中间形状然后再进行补间，而不要只定义起始和结束的形状。

确保形状提示是符合逻辑的。例如，如果在一个三角形中使用三个形状提示，则在原始三角形和要补间的三角形中它们的顺序必须相同。它们的顺序不能在第一个关键帧中是 abc，而在第二个关键帧中是 acb。

如果按逆时针顺序从形状的左上角开始放置形状提示，它们的工作效果最好。形状提示要在形状的边缘才能起作用。在调整形状提示位置前，要打开工具栏中的“紧贴至对象”，这样，才会自动把形状提示吸附到形状边缘上。如果发觉形状提示仍然无效，则可以用工具栏上的缩放工具 A 对该形状进行放大，可以放大到 2000 倍，以确保形状提示位于图形边缘上。

六、动画补间动画

动画补间动画也是Flash中非常重要的表现手段之一。与形状补间动画不同的是，动画补间动画的对象必须是“元件”或“成组对象”。

运用动画补间动画，可以设置对象的大小、位置、颜色、透明度、旋转等种种属性，配合其他的手法，甚至能做出令人称奇的仿3D的效果来。

（一）动画补间动画的概念和在时间轴上的表现形式

在Flash的时间轴面板上，在一个时间点（关键帧）放置一个元件，然后在另一个时间点（关键帧）改变这个元件的大小、颜色、位置、透明度等，Flash根据这两个关键帧的内容去创建中间变化过程的动画称为动画补间动画。

动画补间动画建立前，时间轴上背景色为灰色。动画补间动画建立后，时间轴面板上的背景色变为淡紫色，在起始帧和结束帧之间有一个长长的箭头。

（二）创建动画补间动画的方法

在时间轴面板上动画开始播放的地方创建或选择一个关键帧并设置一个元件。一帧中只能放一个项目。在动画要结束的地方创建或选择一个关键帧并设置该元件的属性。在两个关键帧之间的任意位置单击鼠标右键，在弹出的菜单中选择“创建补间动画”，就建立了动画补间动画。

（三）动画补间动画的属性面板

在时间轴上动画补间动画的两个关键帧之间的任意位置单击，就会出现动画补间动画的属性面板。

1.“缓动”选项

该项的值在－100到100之间。

在－100到0的区间内，动画运动的速度从慢到快，朝运动结束的方向加速补间。

在0到100的区间内，动画运动的速度从快到慢，朝运动结束的方向减慢补间。

在默认情况下，补间帧之间的变化速率是不变的。

2.“旋转”选项

有四个选择：选择“无”（默认设置）禁止元件旋转；选择“自动”可以使元件在需要最小动作的方向上旋转对象一次；选择“顺时针”（CW）或“逆时针”（CCW），并在后面输入数字，可使元件在运动时顺时针或逆时针旋转相应的圈数。

3.“调整到路径”选项

将补间元素的基线调整到运动路径，此项功能主要用于引导线运动。

4.“同步”选项

使图形元件实例的动画和主时间轴同步。

5.“贴紧”选项

可以根据其注册点将补间元素附加到运动路径，此项功能也主要用于引导线运动。

（四）动画补间动画和形状补间动画的区别

动画补间动画和形状补间动画都属于补间动画，两者都具有一个起始关键帧和结束关键帧，区别之处在于：

动画补间动画在时间轴上表现为淡紫色背景加长箭头，而形状补间动画在时间轴上表现为淡绿色背景加长箭头；动画补间动画组成元素可以是影片剪辑、图形元件、按钮等，而形状补间动画组成元素是形状，如果使用图形元件、按钮、文字等则必先分离才能实现变形；动画补间动画主要用于实现一个对象的大小、位置、颜色、透明度等的变化，而形状补间动画主要用于实现两个形状之间的变化，或一个形状的大小、位置、颜色等的变化。

七、遮罩动画

遮罩动画是Flash动画中的重要表现形式之一。遮罩动画可以产生许多令人惊叹的神奇效果，比如逼真的水波纹效果、夜晚探照灯效果、炫目的万花筒效果等。

（一）遮罩动画的概念

“遮罩”，从字面上理解就是遮挡住下面的对象。那么在Flash中要获得聚光灯效果以及过渡效果，可以使用遮罩层创建一个孔，通过这个孔可以看到下面的图层。遮罩项目可以是填充的形状、文字对象、图形元件的实例或影片剪辑，可以将多个图层组织在一个遮罩层之下来创建复杂的效果。简而言之，遮罩动画就是通过“遮罩层”来显示位于其下方的“被遮罩层”中的内容的动画。

“遮罩”主要有两种用途：一种用途是用在整个场景或一个特定区域，使场景外的对象或特定区域外的对象不可见；另一种用途是用来遮罩住某一元件的一部分，从而实现一些特殊的效果。

（二）创建遮罩的方法

1. 创建遮罩

在Flash中，遮罩层是由普通图层转化的。在对应图层名称上单击鼠标右键，在弹出的菜单中遮罩层下面的一层关联为“被遮罩层”。如果想关联更多层被遮罩，只要把这些层拖到被遮罩层下面就行了。

具体做法如下：

①选择或创建一个图层，其中包含出现在遮罩中的对象。

②选择该图层，然后选择菜单中的“插入”→“时间轴”→“图层”命令，以在其上创建一个新图层。遮罩层总是遮住紧贴其下的图层，因此要确保在正确的地方创建遮罩层。

③在遮罩层上放置填充形状、文字或元件的实例。Flash 会忽略遮罩层中的位图、渐变色、透明度、颜色和线条样式。在遮罩层中的任何填充区域都是完全透明的，而任何非填充区域都是不透明的。

④在时间轴中的遮罩层名称上单击右键，然后从菜单中选择“遮罩层”。该图层将转换为遮罩层并显示为遮罩层的图标。紧贴它下面的图层将链接到遮罩层，其内容会透过遮罩层上的填充区域显示出来。被遮罩的图层的名称将以缩进形式显示，其图标将更改为一个被遮罩的图层的图标。

⑤要在 Flash 中显示遮罩效果，请锁定遮罩层和被遮住的图层。

⑥要在创建遮罩层后遮住其他的图层，请执行以下操作：

一是将现有的图层直接拖到遮罩层下面。

二是在遮罩层下面的任何地方创建一个新图层，执行菜单中的“修改”→“时间轴”→“图层属性”命令，然后选择“被遮罩”。

2. 断开图层和遮罩层的关联

选择要断开链接的图层，将图层拖到遮罩层的上面或者选择菜单中的“修改”→“时间轴”→“图层属性”命令，然后选择“一般”。

3. 构成遮罩层和被遮罩层的元素

遮罩层中的图形对象在播放时是看不到的，遮罩层中的内容可以是按钮、影片剪辑、图形、位图、文字等，但不能使用线条，如果一定要用线条，可以将线条转化为“填充”。

被遮基层中的对象只能透过遮罩层中的对象被看到。在被遮罩层，可以使用按钮、影片剪辑、图形、位图、文字、线条。

4. 遮罩中可以使用的动画形式

可以在遮罩层、被遮罩层中分别或同时使用形状补间动画、动画补间动画、引导线动画等动画手段，从而使遮罩动画变成一个可以施展无限想象力的创作空间。

（三）应用遮罩的技巧

遮罩层的基本原理是：能够透过该图层中的对象看到被遮罩层中的对象及其属性（包括它们的变形效果），但是遮罩层中的对象的许多属性如渐变色、透明度、颜色和线条样式等却是被忽略的，不能通过遮罩层的渐变色来实现被遮罩层的渐变色变化。

要在场景中显示遮罩效果，可以锁定遮罩层和被遮罩层。

不能用一个遮罩层遮蔽另一个遮罩层。

遮罩可以应用在 GIF 动画上。

在制作过程中，遮罩层经常挡住下层的元件，影响视线，无法编辑，可以按下遮罩层时间轴面板上的“显示图层轮廓”按钮，使遮罩层只显示边框形状。在这种情况下，还可以拖动边框调整遮罩图形的外形和位置。

在被遮罩层中不能放置动态文本。

在一个遮罩动画中，遮罩层只有一个，被遮罩层可以有任意个。

按钮内部不能有遮罩层。

可以用 AS 动作语句建立遮罩，但这种情况下只能有一个被遮罩层，同时，不能设置 alpha 属性。

八、引导线动画

Flash 提供了一种简便方法来实现对象沿着复杂路径移动的效果，这就是引导层。带引导层的动画叫轨迹动画或引导线动画。引导层的原理就是把画出的线条作为动画补间元件的轨道。

引导线动画可以实现如树叶飘落、过山车、星体运动等效果的制作。

（一）引导线动画的概念和在时间轴上的表现形式

引导线动画由引导层和被引导层组成。引导层用于放置对象运动的路径，被引导层用于放置运动的对象。制作引导线动画的过程实际上就是对引导层和被引导层编辑的过程。

在引导线动画中，引导层中只放置绘制的运动路径（引导线）。引导层的作用就是使对象沿着绘制的运动路径（引导线）运动。

在引导层下方的图层称为“被引导层”，被引导层会比其他图层往里缩进一些。在被引导层中对象沿着绘制的运动路径（引导线）运动，即在引导层中绘制引导线，而在被引导层中设置动画补间动画。

创建引导层的常用方法为：将普通图层转换为引导层，即在普通图层上单击鼠标右键，选择弹出菜单中的“属性”命令，在出现的窗口中选择“引导层”选项。若选择“类型”中的其他选项，则该图层将变为相应的图层类型。

在设置引导线时需要注意以下几点：

①引导线不能是封闭的曲线，要有起点和终点。

②起点和终点之间的线条必须是连续的，不能间断，可以是任何形状。

③引导线转折处的线条弯转不宜过急、过多，否则 Flash 无法准确判定对象的运动路径。

④被引导对象必须准确吸附到引导线上，也就是元件编辑区中心必须位于引导线上，否则被引导对象将无法沿引导路径运动。引导线在最终生成动画时是不可见的。

（二）创建引导线动画的方法

引导线动画有单层引导和多层引导两类，单层引导即一个引导层去引导一个被引导层。创建步骤如下：

①在普通层中创建一个对象。

②选中该层单击鼠标右键，选择“添加引导层”（在普通层上层新建一个引导层，普通层自动变为被引导层）。

③在引导层中绘制一条路径，然后将引导层中的路径沿用到某一帧。

④在被引导层中将对象的中心控制点移动到路径的起点。

⑤在被引导层的某一帧插入关键帧，并将对象移动到引导层路径的终点。

⑥在被引导层的两个关键帧之间创建动画补间动画，引导线动画制作完成。

多层引导线动画，就是利用一个引导层同时引导多个被引导层中的对象。

一般情况下，创建引导层后，引导层只与其下的一个图层建立链接关系。如果要使引导层引导多个图层，可以将图层推移到引导层下方，或通过更改图层属性的方法添加需要被引导的图层。

为一个引导层成功创建多个被引导层后，多层引导线动画即创建完成。

（三）引导线动画的制作要点

①一般将要移动的对象单独放在一个图层，作为被引导层，在此图层上层添加引导层。引导层一定要在被引导房的上方。

②引导层中只绘制运动路径，在被引导层中设置动画补间动画。

③在工具栏中选中“紧贴至对象”按钮，指向元件的中心点，推动对象吸附到引导线的起点和终点。

④要使对象沿着路径旋转，须在被引导层的起始帧属性中勾选“调整到路径”。

第二节　交互网页设计

一、交互设计的定义

交互设计（Interaction Design，缩写 IXD），从广义上讲是定义和设计人造系统和人造物的行为的设计。人造物即人工制品，如软件、移动设基、人造环境、服务、可佩戴装置以及系统的组织结构。交互设计是研究人造物的行为方式即人工制品在特定场合下的反应方式相关的界面，研究用户在使用产品时的安全、舒适、便捷等问题，研究用户在产品使用中的生理学和心理学，以及探索产品与人和物质、文化、历史的统一的科学。交互设计的工作核心就是在满足用户使用功能的前提下，以最少的体力消耗、最简便的操作方式、最完美的视觉享受，取得最大的劳动效果。

从用户角度来讲，交互设计是一种使产品便捷、易用、有效且让人愉悦的技术，它从了解目标用户和他们的期望出发，了解用户在同产品交互时彼此的行为，了解“人”本身的心理和行为特点，同时，还包括了解各种有效的交互方式，并对它们进行增强和扩充。交互设计涉及多个学科，以及和多领域、多背景人员的沟通。可以说，交互设计是一门综合学科。交互设计扮演了促进人类与产品之间互动的角色。交互设计的出发点在于研究用户和产品交流时人的心智模型和行为模型，并在此基础上，设计界面信息及其交互方式，用人机界面将用户的行为翻译给机器，将机器的行为翻译给用户，来满足人对于软件使用的需求。所以，交互设计一方面是面向用户的，这是交互设计所追求的可用性，也是交互设计的目的所在；另一方面是面向产品实现的。

二、交互设计的本质

交互设计的本质是让人们愉悦、便捷地跟机器进行信息的交流和反馈，简而言之，就是简单、高效、便捷地实现某一类人群的某一个目的。

（一）确认目标用户

在软件设计过程中，根据不同的用户需求确定软件的目标用户，并获取最终用户和直接用户的需求信息。交互设计要考虑到目标用户的不同而引起的交互设计重点的不同。例如，新手用户、中间用户和专家用户的交互设计重点就不同。

新手用户关注的是这款软件有什么用处，如何开始，如何操作。中间用户关注的是版本的功能，如何自定义，如何找到某一个功能。专家用户则关注更加智能、更加深奥的问题，例如，如何使某一功能自动化。

（二）采集目标用户的习惯交互方式

不同类型的目标用户有不同的交互习惯。这种习惯的交互方式往往来源于其原有的针对现实的交互流程、已有软件工具的交互流程。当然还要在此基础上通过调研分析找到不同类别的目标用户希望达到的交互效果，对这些不同类别的用户加以归纳，并且以记录流程的方式确认下来，以备在之后的交互开发设计中参考和应用。

（三）提示和引导用户

软件是用户的工具，因此应该由用户操控和操作软件。交互设计最重要的就是根据用户交互过程得出相应的结果和反馈，提示用户得到的结果和反馈信息，并引导用户进行其需要的下一步操作。

三、交互设计的原则

（一）设计目标一致

软件中往往存在多个组成部分（组件、元素）。不同组成部分之间的交互设计目标要保持一致。例如，如果以入门级用户为目标用户，那么就要以简化界面为设计目标，并且简化的设计风格需要贯彻于软件的整体而不是局部。

（二）元素外观一致

交互设计每一个元素的外观都会影响用户的使用效果。同一个（类）软件采用一致风格的外观，对保持用户习惯、改进交互效果有很大帮助，因为用户在使用同一类软件时会有习惯性的使用方式，即使用惯性。在实际设计中，对于元素外观一致性没有特定的衡量方法，因此需要设计师通过对目标用户进行详细调查、访问等方式取得反馈意见及发现问题，再针对用户的使用习惯进行统一设计。

软件咨询类的交互设计基于同一类的统一特点，采用一致框架，保持用户习惯，便于用户快速地掌握操作方法。

（三）交互行为一致

在交互模型的设计中，在设计不同类型的元素时，用户进行其对应的操作行为后，其交互行为需要一致，使用户对不同的软件形成同一种操作惯例。例如，所有需要用户确认操作的对话框都至少包含“确认”和“取消”两个按钮，使用户在进行重要操作的时候可以再次思考。交互行为一致的原则虽然在大部分情况下是可行的，但是在实际设计中也有少数的案例以更加简化的方式进行操作。

四、交互设计的目标

交互设计的目标是使产品有效、易用，让用户对产品产生依赖，让用户使用产品时能够产生愉悦感。换言之，交互设计就是要不断地去改进一个交互系统，使用户在交互的过程中更加有效、快捷、愉悦地进行日常工作，通过执行一系列的步骤来完成某项任务。设计师进行交互设计的目标就是使系统变得简单易用，使用户的工作效率大大提高。

比如，某购物系统，其产品种类繁多，因此，用户流量巨大，在生成订单的过程中，由于操作的过程较为复杂，就会产生不顺畅的情况，因此一部分用户就会放弃使用，造成用户流失。那么交互设计的目标就是帮助该系统找到流失用户，以及用户在操作过程中遇到的问题、不能完成购买的原因，再针对这些问题进行改进、测试，最后让用户顺利、便捷地完成操作，并获得良好的购买体验。再比如，某电子产品技术先进，但其人机界面的设计可能由研发技术人员来完成，并没有从用户的角度去设计，这就容易使用户不明就里，感觉产品的使用过程比较复杂、费解。在这时，交互设计师就可以从用户体验的角度提供帮助，解决其存在的问题，帮助改进，让用户很容易地学会使用它。

五、交互网页设计流程

（一）互联网产品开发流程

伴随互联网的迅速发展，互联网产品开发模式也逐渐健全，主要由用户调研、概念设计、原型设计、UI 设计、交互设计、迭代评测、实现测试这几部分组成。用户调研，主要是交互设计师通过用户调研的手段（介入观察、非介入观察、采访等），调查了解用户及其相关使用的场景，以便对其有深刻的认识（主要包括用户使用时的心理模式和行为模式），从而为后继设计提供良好的基础。概念设计是交互设计师通过综合考虑用户调研的结果、技术可行性，以及商业机会，为设计的目标创建概念（目标可能是新的软件、产品、服务或者系统）。整个过程可能来回迭代进行多次，每个过程可能包含头脑风暴、交谈、细化概念模型等活动。原型设计是在用户行为模式分析和概念设定后，开始构建用户使用模型、线框图、低保真原型图、高保真原型图来实现与展示出交互设计的常规形态。UI 设计即一种视觉设计和细节设计，将最好的视觉化效果模型和产品展示给测试者。迭代评测是交互设计师通过设计原型来测试设计方案，主要是用于测试用户和设计系统交互的质量，同时查找出漏洞和缺失，再次进行迭代设计的过程。

（二）调研项目背景

在开发互联网产品项目之前，首先需要做的就是调研和了解项目的背景、属性、竞争力、收益率、期望值等，评测出项目产品的可开发性与后期持续性，做出理性的评测与投资。充分而有分量的产品背景调研、市场最大需求、目前最大热门、最前沿资讯等，都能够有效地帮助后续的产品开发和项目原型制作，也为整个项目的实现和发展打下坚实的基础。

（三）基于 UCD 的用户需求研究

UCD（user centered design，以用户为中心的设计），即围绕“用户需要的和用户知道的”，开展今后的交互相关设计，最终帮助用户实现其目标。以用户为中心的设计观已经出现很久，在交互设计流程中是非常重要的组成部分，因为交互就是直接面向用户，聚焦于用户的需求和偏好。例如，我们在做用户需求研究时会分为定性研究和人物角色扮演，针对开发项目的产品可能使用的人做定性研究，如访谈、问卷调查、测试等；对产品的典型用户，可采用人物角色扮演，设定出有代表性的典型用户，除此以外，还可以罗列出人物角色在使用产品时可能遇到的问题以及使用产品中的肢体动作等，编写出问题脚本和动作脚本，这些都是基于 UCD 的用户需求研究。用户需求研究是影响设计决策的关键因素。

（四）原型设计

原型设计是整个产品项目的根基，原始模型设计的好坏，也直接关系到最终产品的成功与否。一名成功的交互设计师一定是一位非常优秀的原型设计师。设计师大量的构思和创意灵感，都需要借助原型设计展示与实现，功能、感官、交互、模型的再现都离不开原型设计，原型设计是交互设计流程中的重点过程。

（五）UI 设计

在互联网公司里，一般称视觉设计师为UI（user interface，用户界面）设计师，即将产品项目的细节设计作为工作重点的设计师，也称为用户界面设计师。细节设计往往决定了一个网页设计或手机 APP 产品带给使用者的第一印象，是整个交互设计开发环节中非常重要的一环。它一般是在原型设计完成之后介入交互设计开发流程中，在这时设计师需要注重产品设计方方面面的视觉构成，例如，导航栏、搜索引擎的视觉化设计及网站风格的整体配色、分类搭配、动画图标，又或者是小到一个文字的模式、大小，板块的宽窄高低等细节。一个成功的 UI 设计相当于一次成功的市场推广，在项目推广过程中，视觉设计占有非常大的比重，能够给用户带来非同寻常的视觉体验。

（六）交互设计与测试

交互设计是解决如何使用交互式产品问题的学科，其任务就是设定用户的使用行为，并通过规划信息的内容、结构和呈现方式来引导用户的使用。这种以使用为核心的理念和以形式为手段的方法也充分表明了交互设计与工业设计、平面设计、语言学、心理学等之间的关联是与生俱来的。

人机交互主要研究人的认知模型和信息处理过程与人的交互行为之间的关系，研究如何依据用户的任务和活动来进行交互式计算机系统的设计、实现和评估。由于计算机技术是信息化产品的基础技术，因此，人机交互的模式往往对人与产品交互的模式有着决定性的影响，人机交互的研究成果对于人与产品交互的研究也有着重要的参考价值。人们普遍认为，交互式产品的使用过程是一个在人与产品之间所发生的信息循环的过程，在前期过程性设计完成后使用相关的交互原型设计软件来实现交互网页产品的测试及迭代。

而演示、专家测评、体验者测试、系统测试等是项目产品开发的最后阶段，也是重要的实践应用阶段。功能测试、感官测试、体验交互测试对于查找项目产品自身的漏洞以及修改和维护等起到非常重要的作用，为产品项目的后续开发与扩展提供重要的评测功能。

六、H5 交互动画设计

（一）交互动画概念

交互动画是指在动画作品播放时支持事件响应和交互功能的一种动画，也就是说，动画播放时可以接受某种控制。这种控制可以是动画播放者的某种操作，也可以是在动画制作时预先准备的操作。这种交互性提供了观众参与和控制动画播放的手段，使观众由被动接受变为主动选择。

近年来，移动智能设备快速发展，各类配置、系统等被不断优化，移动终端的视觉体验也有了更好的发展，动画被广泛应用在移动终端的界面设计中，其主要交互应用形式有欢迎、跳转、加载、反馈等，有效减少了用户因等待引起的焦虑，并且使体验更加流畅愉悦。交互动画是动画和交互设计结合产生的，同时具有艺术美和设计性，并增加了人与物的互动性，极大程度地优化了用户体验，提高了用户在互动环节中的主动性。

（二）H5 的特征

H5 是指第五代 HTML（超文本标记语言），也指用 H5 语言制作的一切数字产品。人们上网所看到的网页，多数都是用 HTML 编写的。浏览器通过解码 HTML，就可以把网页内容显示出来。H5 是包括 HTML、CSS、Java 在内的一套技术组合。其中，“超文本”是指页面内容可以包含图片、链接甚至音乐、程序等非文字元素；“标记”是指这些超文本必须由包含属性的开头与结尾的标志来标记；CSS 是层叠样式表单，任何网页都需要 CSS。

H5 页面最大的特点是跨平台，开发者不需做太多的适配工作，用户也不需要下载，打开一个网址就能访问。H5 提供完善的实时通信支持，具体表现在以下几个方面：

1. 环境优势

H5 安装和使用 APP 灵活、方便；增强了图形渲染、影音、数据存储、多任务处理等处理能力；本地离线存储，浏览器关闭后数据不丢失；强化了 Web 网页的表现性能；支持更多插件，功能越来越丰富。H5 兼容性好，用 H5 技术开发出来的应用在各个平台都适用，且可以在网页上直接进行调试和修改。

2. 多媒体应用特点

原生开发方式对于文字和音视频混排的多媒体内容处理相对麻烦，需要拆分文字、图片、音频、视频，解析对应的 URL（统一资源定位符）并分别用不同的方式进行处理。H5 则不受这方面的限制，可以将文字和音视频放在一起进行处理。

3. 图像图形处理能力

H5 支持图片的移动、旋转、缩放等常规编辑功能。利用 H5 开发工具，一个非专业的人士在很短的时间内也可以轻而易举地完成动画、虚拟现实以及交互页面等复杂页面的设计与制作。

4. 交互方式

H5 提供了非常丰富的交互方式，不需要编码，按照开发工具中提供的提示信息，通过简单的配置就可实现各种方式的交互。

5. 应用开发优势

利用 H5 开发和维护 APP 成本低、时间短，入门门槛低，并且升级方便，打开即可使用最新版本，免去重新下载、升级的麻烦。

6. 内容及视觉效果

H5 支持字体的嵌入、版面的排版、动画、虚拟现实等功能。特别要强调的是，动画、虚拟现实是媒体广告、品牌营销、活动推广、网页游戏、网络教育课件的重要表现形式，在 PC 互联网时代，这些内容基本都是由 Flash 来制作。但移动互联网主流的移动操作原生系统一般不支持 Flash，Adobe 公司也放弃了移动版 Flash 的开发，这促使 H5 成为移动智能终端上制作和展现动画内容的最佳技术和方案。

7. 传播推广

H5 页面推广成本低、传播能力强、视觉效果好。推广只需一个 URL 链接，或一个二维码即可，实时性强，是各种组织机构进行活动宣传、企业品牌推广和产品营销的利器。

（三）H5 开发及设计工具

在 H5 出现之前，特别是 H5 开发工具出现之前，一款原生 APP 的开发需要经历需求分析、UI 设计、应用开发、系统测试、试运行等阶段才能够完成并使用。平均每个阶段需要 2 至 3 周才能完成，计算下来，完成一款 APP 的开发大约需要 2 个月，更为要命的是开发 APP 一般只有专业能力极强的人才能完成。不仅如此，一款 APP 的应用时效通常非常短，因此，投入大量的资金，耗费 2 个月左右的时间是非常不划算的。对于活动推广、新产品发布等宣传、营销活动，如何有效地开发 APP 是很令人头疼的事情。

从上述对 H5 特点的介绍中可以看出，H5 开发工具很好地解决了开发时间、开发费用以及开发人员的问题。一款含有动画、音 / 视频、图像等的 APP，制作用时短，发布方便，使用方便。

目前，市场上有多种 H5 开发平台，这些平台为开发 H5 页面提供了有力的支持，使 H5 的开发变得轻松、简单、方便、快捷，并且成本低，如 Mugeda、易企秀、MAKA 等，这些开发平台都有各自的特点。简单、方便、易操作、易掌握、功能强大的 H5 开发工具，为普通人开发精美的 H5 页面提供了技术基础。同 H5 应用需求的发展一样，未来的 H5 页面开发与制作会像如今人们使用 Word 文档一样普及。这就是人们学习 H5 开发工具、掌握 H5 页面制作技术的原因。

（四）Mugeda 平台交互设计运用

目前，H5 在制作交互动画的过程中存在的主要问题有两个：一是制作动画效果时，需要高水平的专业技术人员编写程序；二是随着 H5 应用需求的不断扩大，技术人员严重短缺，并且制作效率低，很难满足用户的实时性要求。而 Mugeda 平台则很好地解决了上述问题。

动画，简单地说就是能够“动”的画面。它通过采用各种技术手段，如人工手绘、电脑制作等，在同一位置，用一定的速度，连续、顺序地切换画面，使静态的画面“动”起来。数字动画是相对于传统动画而言的，传统动画通常是指运用某种技术手段将手工绘制或手工制作的实体（如图画、皮影、泥塑等）制作而成的动画。如果在动画制作的全过程，所采用的技术和设备主要是计算机及其相关设备，则制作出的动画就被称为数字动画。

交互，简单地说，就是交流互动。其中，“交”是指交流，“互”是指互动。在信息技术中，交互是指操作计算机软件的用户通过软件操作界面，与软件对话，并控制软件活动的过程。

目前，交互动画通常是指数字动画，它与非交互动画的区别主要在于，对于交互动画，受众可以有选择性地观看，或对动画进行控制，而不是被动地接受动画。因此，交互动画能给受众带来趣味感和体验感。

Mugeda是一个可视化的H5交互动画制作IDE云平台，内置有功能强大的应用程序编程接口（application programming interface，API），是一些预先定义的函数，目的是提供应用程序与开发人员基于某软件或硬件得以访问一组例程的能力（而又不需要访问源码或理解内部工作机制的细节）。Mugeda拥有非常强大的动画编辑能力和非常自由的创作空间，不需要任何下载、安装操作，在浏览器中就可以直接创建有丰富表现力的交互动画，可以帮助设计人员和设计团队高效地完成面向移动设备的H5交互动画的制作发布、账号管理、协同工作、数据收集等。

参考文献

[1]王莹,相成久,史迎新.HTML5+CSS3网页设计基础教程[M].北京:中国人民大学出版社,2022.

[2]曹茂鹏.网页美工设计基础教程[M].北京:化学工业出版社,2022.

[3]李伦彬,杨蓓.Dreamweaver 2020网页制作实例教程[M].北京:清华大学出版社,2022.

[4]宋文平,王卫华,刘跃.DIV+CSS3网页设计与制作[M].重庆:重庆大学出版社,2021.

[5]魏军.Adobe Dreamweaver CC网页设计与制作[M].北京:北京希望电子出版社,2021.

[6]张星云,彭进香,邢国波.HTML5+CSS3网页设计教程[M].北京:清华大学出版社,2021.

[7]李佼辉,聂树成.网页设计与制作[M].北京:中国水利水电出版社,2021.

[8]吴小燕,段然.网页设计实战教程[M].北京:中国铁道出版社,2021.

[9]焦燕.网页设计与制作高职[M].西安:西安电子科学技术大学出版社,2021.

[10]库波.HTML5与CSS3网页设计第2版[M].北京:北京理工大学出版社,2021.

[11]陈义文,陈绣瑶.网页设计与制作项目教程第2版[M].北京:机械工业出版社,2021.

[12]方丹.电子商务网页设计与制作慕课版[M].北京:人民邮电出版社,2021.

[13]刘蕴,李利民,崔英敏.Dreamweaver CC网页设计与应用微课版[M].北京:人民邮电出版社,2021.

[14]何月顺.JSP动态网页设计案例教程[M].北京:电子工业出版社,2021.

[15]刘春茂.HTML5+CSS3网页设计全案例微课版[M].北京:清华大学出版社,2021.

[16]胡秀娥.网页设计与制作案例教程第2版[M].北京:航空工业出版社,2021.

[17]刘瑞新.网页设计与制作教程Web前端开发第6版[M].北京:机械工业出版社,2021.

[18]赖步英.Dreamweaver网页设计技术与案例精解HTML+CSS+JavaScript[M].北京:

清华大学出版社,2021.

[19]代丽杰,宋宝山,文娜.网页设计制作基础教程Dreamweaver+Photoshop+Flash微课版[M].北京:中国人民大学出版社,2021.

[20]任娟,陈秋雪,徐海波.网页设计[M].北京:北京理工大学出版社,2020.

[21]曹世峰.交互网页设计[M].武汉:华中科技大学出版社,2020.

[22]郑建鹏.网页设计的风格研究[M].北京:首都经济贸易大学出版社,2020.

[23]卢卫中,钟安元.基于HTML与CSS网页设计[M].重庆:重庆大学电子音像出版社,2020.

[24]陈敏,罗迪,杨文艺.Dreamweaver CS6网页设计与制作教程[M].西安:西安电子科学技术大学出版社,2020.

[25]王东辉.网页视觉设计与创意表现[M].沈阳:辽宁美术出版社,2020.

[26]苟双晓,李琴,杨萌.网页设计[M].沈阳:东北大学出版社,2020.

[27]封瑾,刘隽,张立.网页设计[M].北京:中国轻工业出版社,2020.

[28]孟宪宁,赵春霞,包燕.HTML+CSS+JavaScript网页设计教程[M].西安:西安电子科技大学出版社,2020.

[29]吕菲,张春胜,郝英丽.网页设计与制作[M].北京:北京理工大学出版社,2019.

[30]刘文玲,朱向彩,史明.网页设计与制作[M].哈尔滨:哈尔滨工程大学出版社,2019.

[31]邓长寿,董西伟.网页设计与制作教程（第2版）[M].南昌:江西高校出版社,2019.

[32]殷正坤,魏红伟,朱希伟.网页设计与制作案例教程[M].成都:电子科技大学出版社,2019.

[33]周丽韫.新媒体网页设计与制作[M].北京:机械工业出版社,2019.

[34]魏利华.移动商务网页设计与制作[M].北京:北京理工大学出版社,2019.

[35]杨浩.网页与网站设计[M].镇江:江苏大学出版社,2019.

[36]孙晓羽.网页设计[M].长春:吉林大学出版社,2019.

[37]弋玮玮,鲁莉卓,杜平.网页设计[M].合肥:安徽美术出版社,2019.

[38]邵婕.HTML网页设计[M].江苏:江苏凤凰美术出版社,2019.

[39]武浩婕.商品详情网页设计[M].哈尔滨:黑龙江教育出版社,2019.

[40]李强.HTML5网页设计[M].北京:北京邮电大学出版社,2019.